しくみ図解

発光ダイオードが一番わかる

少消費電力で長寿命 環境に優しいLEDを知る!

常深信彦 著

技術評論社

はじめに

　7セグメントの数字表示器や電子機器の動作状態を示すインジケータなどが今まで主な用途だった発光ダイオード(LED)が最近急速に照明用途へ広がりをみせています。これは、白色発光ダイオードの発光効率が蛍光灯を追い越しつつあり、消費電力が小さく、長寿命であるなどの特長が買われているからです。また、今までの電球や蛍光灯に置き換えられる照明器具が急速に製品化されているからです。また、テレビのバックライトや自動車のヘッドランプ、テールランプなどの新分野への採用も本格化しています。

　人間の眼には見えない赤外線や紫外線の領域でもLEDは進化しています。

　赤外線を発光する赤外光LED(Ir-LED)は、リモコン用途に使われてきました。さらに波長の長いIR-LEDや紫外線を発光する紫外光LED(UV-LED)の開発、製品化が進み、今までになかった製品や新しい用途を生み出しています。

　レーザダイオード(LD)は、CD、MD、DVD、BDなど光ディスクの読み取り、書き込みヘッド素子や光通信素子として使われてきました。出力のアップや紫外線のより短い波長領域を発光できるLDや赤外線より長い波長領域を発光できるLDの研究開発が進み、マーキング、接着、乾燥といった加工用途、印刷用途や医療用途などの新たな用途へ使われだしています。

　またファイバーレーザの出現により大出力が可能になり、マーキングから手術、溶接といった用途でも使われるようになってきました。

　本書ではLEDを理解する上で必要となる光の基礎知識やLEDの製造プロセス、構造、用途に加え、放熱等の問題点についても解説しています。

　本書には、わかりやすく理解を深めていただくのに役立つイラスト図解を挿入しました。この図版を快くご提供いただいたスタンレー電気株式会社に感謝します。

　本書が、読者の皆様のLEDの理解を深め、LEDの用途をさらに広めていく一助になれば幸いです。

2010年10月　常深信彦

発光ダイオードが一番わかる

目次

少消費電力で長寿命
環境に優しいLEDを知る！

はじめに……………3

第1章 発光ダイオードの基礎知識……………9

1　あかりの歴史…………10
2　LEDの歴史…………12
3　半導体の基礎知識…………16
4　原子構造とエネルギー帯…………18
5　LED発光のしくみ…………20
6　エネルギーバンド幅と発光波長…………26
7　光源による特長と作用…………28
8　LEDの分類…………30
9　LEDの特長と用途…………32
10　LEDの信頼性…………34
11　LEDとLDの違い…………38

第2章 発光ダイオードの製造工程…………41

1　材料基板工程①単結晶成長工程…………42
2　材料基板工程②ウェーハ加工工程…………44
3　LEDウェーハ工程① エピタキシャル結晶成長…………46

CONTENTS

 4 LEDウェーハ工程②LED動作層の形成・・・・・・・・・・・50
 5 LEDウェーハ工程③LEDチップパターンの形成・・・・・・・52
 6 LEDチップ工程・・・・・・・・・・・58

第3章 可視光発光ダイオード（LED）・・・・・・・61

 1 可視光線・・・・・・・・・・・62
 2 可視光LEDの構造と発光動作・・・・・・・・・・・64
 3 LED照明と白色LED・・・・・・・・・・・68
 4 照明用LEDの放熱設計・・・・・・・・・・・74
 5 可視光LEDの応用①表示用途・・・・・・・・・・・80
 6 可視光LEDの応用②光源用途・・・・・・・・・・・82
 7 可視光LEDの応用③照明用途・・・・・・・・・・・84
 8 可視光LEDの応用④交通信号灯器・・・・・・・・・・・88
 9 可視光LEDの応用⑤LED式捕虫器・・・・・・・・・・・90

第4章 赤外光発光ダイオード（IR-LED）・・・・・・・95

 1 赤外線の分類・・・・・・・・・・・96
 2 赤外光LEDの構造と発光動作・・・・・・・・・・・98
 3 赤外光LEDの応用①通信用途・・・・・・・・・・・102
 4 赤外光LEDの応用②生体測定用途・・・・・・・・・・・106
 5 赤外光LEDの応用③センサ光源用途・・・・・・・・・・・108
 6 赤外光LEDの応用④医療分野用途・・・・・・・・・・・112

CONTENTS

第5章 紫外光発光ダイオード (UV-LED) ……………115

1 紫外線の分類……………116
2 紫外光LEDの構造と発光動作……………118
3 紫外光LEDの市場性……………120
4 紫外光LEDの応用①光源用途……………122
5 紫外光LEDの応用②照明用途……………126
6 紫外光LEDの応用③光触媒との組み合わせ……………128
7 紫外光LEDの応用④LED式捕虫器……………130

第6章 半導体レーザ (LD) ……………133

1 レーザ光の歴史と半導体レーザの発光原理……………134
2 発光レーザの発光面と製造工程……………138
3 光ディスク装置、再生装置……………140
4 2Dプリンタと3Dプリンタ……………142
5 レーザポインターと測量機器……………144
6 医療分野へのLD応用……………146
7 印刷分野へのLD応用……………148
8 ファイバーレーザ……………150

第7章 これからのLEDとその応用 ……………155

1 交通機関への応用……………156
2 各種照明への応用……………158
3 医療機器への応用……………160
4 その他の応用分野……………162
5 これからの半導体レーザ……………164

しくみ図解 発光ダイオードが一番わかる 目次

● Appendix　LED照明関連用語解説・・・・・・167

- ・光の明るさに関する用語・・・・・・・・・168
- ・光の特性に関する用語・・・・・・・・・・171
- ・光の演出に関する用語・・・・・・・・・・174
- ・LEDに関する用語・・・・・・・・・・180
- ・関連法規に関する用語・・・・・・・・・・182

用語索引・・・・・・・・・186
写真および資料ご提供／参考文献・・・・・・・190

● 絵でみる発光ダイオード

1	LED発光のしくみ・・・・・・・24	
2	LEDの心臓部・結晶成長の話・・・・・・・・・48	
3	チップタイプLEDのできるまで・・・・・・・・・54	
4	砲弾型LEDのできるまで・・・・・・・・56	
5	白色発光のしくみ・・・・・・・72	
6	パワーLEDの信頼性向上・・・・・・・・78	
7	LEDとサーカディアン照明・・・・・・・・92	

しくみ図解
発光ダイオードが一番わかる
目次

CONTENTS

 コラム|目次

- LED大型スクリーンの動向 ············· 40
- エピタキシャル成長成功の秘話 ············· 51
- LEDを電池で点灯させてみましょう ············· 60
- 放熱設計の基礎用語 ············· 76
- 社会の安全を支えるLED ············· 94
- LED購入のための秋葉原ショップガイド ············· 114
- LEDを使った工作キットの紹介 ············· 132
- レーザの安全について ············· 154
- 期待されている深紫外光LED ············· 166

第1章

発光ダイオードの基礎知識

発光ダイオードは、LEDとよばれて親しまれています。
LED登場に至るまでのあかりの歴史、LEDの歴史、
LEDに使われる半導体材料の基礎知識、LED発光のしくみ、
LEDの特長などLEDの基礎知識を説明します。

LED：Light Emitting Diode

1-1 あかりの歴史

　縄文、弥生時代には、私たちはたき火、たいまつ、かがり火の炎をあかりにしていました。その後、動物や植物の油に灯芯をひたして燃やしてあかりとする長時間使用可能な灯台が使われだしました。ろうそくは、中国渡来のものが奈良時代から使われるようになり、室町時代に入ると漆（うるし）やはぜの蝋を原料とする和ろうそくが作られるようになりました。江戸時代に入るとろうそくを使った提灯や行燈が町民の生活にも普及していきました。明治時代に入るとガス灯が繁華街の街路灯や公共施設の照明として使われるようになりました。1878年にはアーク灯がロンドン、テムズ川縁の街路灯やサッカー場の照明に使われましたが、明るすぎるため一般のあかりには使えませんでした。

　電気によるあかりの歴史はエジソンが白熱灯を発明した1879年にはじまります。エジソンは、京都八幡男山の竹を炭化してフィラメントに使い長寿命化に成功しました。1926年にドイツのゲルマーが蛍光灯を発明し特許を出願しています。GE社は、ゲルマーの特許を購入して1938年に蛍光灯を

図 1-1-1 さまざまなあかり

かがり火

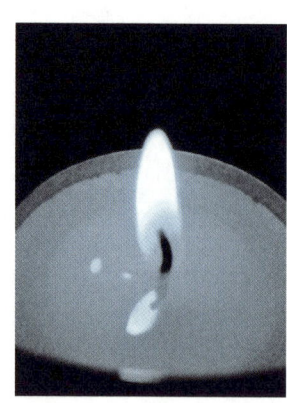
燭台

街路のガス灯

発売していますが、高価であったため当初は軍用を中心に使われ、1950年代に入ってから一般への普及が始まりました。

　1962年に赤色のLEDが発明され、パイロットランプやインジケータ、数字や文字、記号の表示器として使われだしました。1993年に青色LEDが実用化され、1996年に白色LEDが実用化されると長寿命で省電力な特長から照明用途として着目されるようになりました。LEDの高効率化、高輝度化、高演色化が進むにしたがい従来の照明器具がLED照明器具に置き換えられるようになってきています。

図1-1-2 あかりの歴史年表

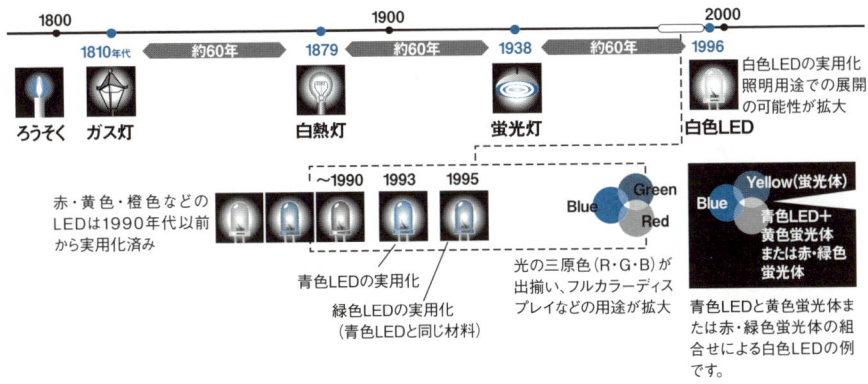

出典：パナソニック電工株式会社カタログより

図1-1-3 エジソンランプと白熱電球

1-2 LEDの歴史

● LED単体の歴史

1907年に英国のラウンド（H.J.Round）がSiC（カーボランダム、炭化珪素結晶）に電極の針を刺して電圧を加えたときの不思議な発光現象について報告しています。ソ連のローゼフ(Oleg Losev)は、多くの材料の電子の遷移による発光現象を論文にまとめ、1927年には世界初のLEDを発表しています。1961年に米国GE社の研究所に勤務していたニック・ホロニアック（Nick Holonyak,Jr）が赤の発光ダイオードを発明し、発光ダイオードの父とよばれています。

その後、多くの人の研究開発と実用化へ向けた努力により赤、黄、橙、青、緑、白の順に発光ダイオードが製品化されてきました。特に青色発光ダイオードについては日本人が実用化へ向けて大きな貢献をしてきました。

赤崎勇名城大学特任教授（名古屋大学特別教授）、天野浩名城大学教授は、窒化ガリウム（GaN）の結晶化に関する技術を開発し、世界初の高輝度青色発光ダイオード（青色LED）を1993年に実現しました。窒化インジウムガリウム（InGaN）の発光層の作製については松岡隆志東北大学教授が1989年に発表しています。中村修二カリフォルニア大学サンタバーバラ校（USCB）教授は、日亜化学工業(株)在職時の青色LED実用化へむけた研究開発における貢献が評価されています。

表1-2-1　LEDの開発年表

西暦	エポック
1907年	英国のラウンドが電圧印加によるSiCからの発光現象を報告する
1927年	ソ連のローゼフが世界初のLEDを発表する
1962年	赤色LEDが開発される
1968年	黄緑色LEDが開発される
1993年	実用的な青色LEDが開発される
1995年	純粋な緑色LEDが開発される
1998年	青色LEDと黄色蛍光体による白色LEDが開発される
2002年	UV-LEDとRGB蛍光体による白色LEDが開発される

● LED 製品化の歴史

　1990年代の初めまでは電子機器のパイロットランプの代用や電卓、時計の数字表示器など比較的小型で単純な表示用途に使われていました。その後マトリックス配列した素子が現れ、行き先案内などのLEDディスプレイにも使われましたがフルカラー表示はできませんでした。

　1993年に青色LED、1997年に白色LEDが登場すると携帯電話の液晶表示パネルのバックライト、デジカメのフラッシュなど急速に用途を広げました。寿命が長く、メンテナンスが楽になる特長を生かして屋外大型ディスプレイ、車のハイマウント・ストップランプ、テールランプやブレーキランプ、街路灯、交通信号機にも採用されるようになりました。豆球に比べて低消費電力で発熱が低く、樹木への負荷が小さくなるとの理由から青や白のLEDが夜の街のイルミネーションに多数使われています。

　2005年以降は、世の中のよりエコな製品を求める風潮を背景に一般家庭の照明器具にも採用されるようになり、電球や蛍光管の形状をした、そのまま置き換えができるLED電球やLED蛍光管も製品化されました。

　2010年以降は、大型液晶テレビのバックライトアレイ、自動車のヘッドライト、電車、航空機の室内照明等への採用が進んでいます。

　表1-2-2にLEDに関する主なトレンドを示します。

表1-2-2　LED製品化の歴史

西暦	LEDに関するトレンド
1995年	徳島県、愛知県で交通信号機に初めてLEDを採用する
1997年	屋外表示装置へ高輝度LEDの採用がはじまる
2000年	携帯電話のバックライトへLEDの採用が進む
2004年	携帯電話やデジカメのフラッシュへLEDの採用が進む
2005年	樹木のイルミネーションに白色や青色のLEDが増える
2007年	LEDヘッドライトを採用したレクサスLS600hが発売される
2008年	口金互換のLED電球が各社から発売される
2009年	大型液晶テレビのバックライトへのLED採用が増える
2010年	オフィスや公共施設へのLED照明採用が本格化する

● LEDとLDの国内生産動向

　LEDの生産個数は、2001年に52億2283万5千個から2008年には157億2922万5千個と8年間で約3倍に増えています。

　LEDの単価は、2001年に11.6円であったものが2008年には9.6円に下がっていますが他の半導体の値下がり傾向からすれば健闘しているといってよいでしょう。

　LD（半導体レーザ）の生産個数は、光ディスクプレーヤの生産とともに2004年までは増加傾向にありましたが、生産の海外へのシフトにともない2005年以降は減少傾向にあります。

　表1-2-3に2001年から2008年の生産統計、そのグラフを図1-2-1に示します。

表1-2-3　LEDとLDの国内生産統計表

単位：千個

	2001年	2002年	2003年	2004年	2005年	2006年	2007年	2008年
LED	5,228,310	6,187,471	7,592,878	11,564,765	10,911,659	12,340,387	13,995,051	15,729,225
LD	466,391	778,755	845,383	972,864	761,897	780,270	770,381	686,050

図1-2-1　LEDとLDの国内生産統計グラフ

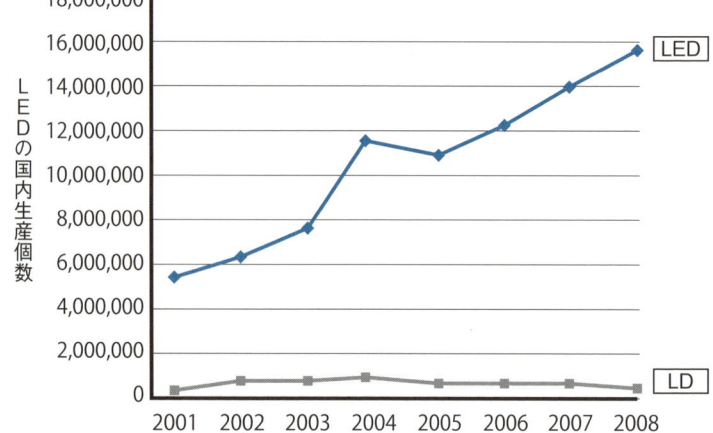

出典：LED照明推進協議会ホームページ「日本の電子工業の生産・輸出入」より作成

●東京スカイツリー®のライトアップLED照明

　東京スカイツリーは、2008年に着工し、2011年末に竣工、2012年春に開業予定の高さ634 mを誇る自立式電波塔です。東京スカイツリーのライティングデザインには照明デザイナー戸恒浩人氏が2007年に決まり、LEDが使われることになりました。

　江戸から東京へと築いてきた伝統美をデザインコンセプトに、「粋」と「雅」を交互に演出することがLED照明なら可能になることが採用の決め手になったとのことです。もちろん眩しさを押さえ、地域環境への配慮をした省電力でエコな優しい設計になっているそうです。

図1-2-2　東京スカイツリー完成予想図

画像提供：東武鉄道株式会社・東武タワースカイツリー株式会社

1-3 半導体の基礎知識

●半導体の種類

半導体は、シリコン（Si）やゲルマニウム（Ge）のような単元素半導体とガリウムヒ素（GaAs）、インジウムリン（InP）、アルミニウムガリウムヒ素（AlGaAs）などふたつ以上の異なる元素からなる化合物半導体に分類されます。LEDにはほとんど化合物半導体が使われています。

化合物半導体には、周期律表のⅢ族とⅤ族、Ⅱ族とⅥ族、Ⅳ族同士などの組み合わせがあり、それぞれⅢ-Ⅴ族半導体、Ⅱ-Ⅵ族半導体、Ⅳ-Ⅳ族半導体とよばれています。

化合物半導体には、SiやGeなどの単元素半導体より、
・移動度が高く、高速で高周波用途に使える
・バンドギャップが大きいので波長の短い光まで発光できる
・熱伝導度がよいので耐熱性が高い
・絶縁破壊電界が大きいので高耐圧用途に使える
などの特長を持った半導体があります。

このような化合物半導体の持つ特長を生かした新しい化合物半導体の研究開発がLED以外の分野でも進められています。

図 1-3-1　単元素半導体と化合物半導体と周期律表の関係

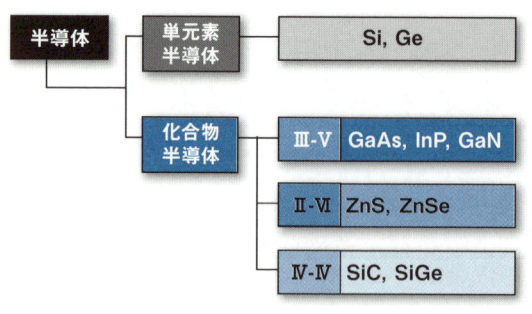

●不純物半導体

　半導体は、真性半導体（不純物を取り除いた単結晶、共有結合をしている）と不純物半導体（ドーパントとよばれる不純物を微量添加している、このことをドープするという）に分類することがあります。

　真性半導体にアクセプタ不純物元素をドープすると多数キャリヤがホールになるp型半導体が作られます。真性半導体にドナー不純物元素をドープすると多数キャリヤが電子になるn型半導体が作られます。

　n型半導体にも少しホールが、p型半導体にも少し電子が含まれており、これらは少数キャリヤとよばれています。

図1-3-2　p型半導体とn型半導体

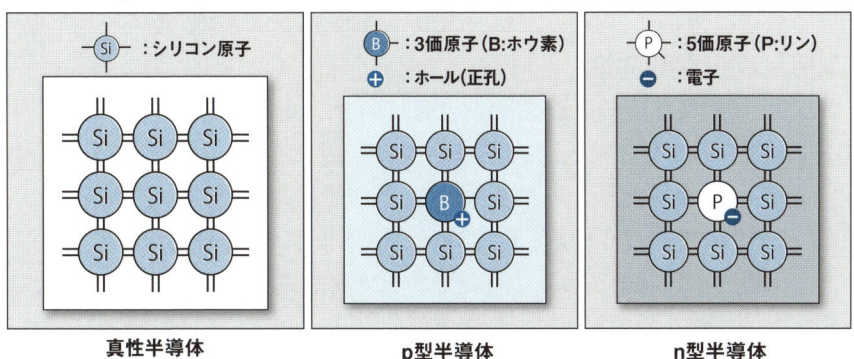

　真性半導体の元素の族をKとしたときの不純物半導体であるp型半導体とn型半導体のキャリヤや不純物元素を表1-3-1に示します。

表1-3-1　多数キャリヤと少数キャリヤ

	不純物半導体	
	p型半導体	n型半導体
多数キャリヤ	ホール（アクセプタ）	電子（ドナー）
少数キャリヤ	電子（ドナー）	ホール（アクセプタ）
不純物元素の族	K−1族	K+1族
シリコンでの不純物元素例	アルミニウム（Al）	窒素（N）
	インジウム（In）	ヒ素（As）

1-4 原子構造とエネルギー帯

●半導体の原子構造

　半導体材料などの物質は原子よりできています。原子は、+の電気を持つ原子核と−の電気を持つ電子よりできています。電子は、原子核を取りまく電子殻とよばれる軌道を回っており、内側からK殻、L殻、M殻…と名前がついています。K殻には2個、L殻には8個、M殻には18個までと収納できる電子の個数が殻によって決まっています（表1-4-1）。

　原子構造について、ボーアの原子モデルを使ってシリコン原子を例にとって説明します（図1-4-1）。

　シリコンの周期律表の原子番号は14ですので、14個の電子を持っています。電子は内側の殻から収納されていきますからK殻に2個、L殻に8個入り、M殻には残りの4個の電子が収納されます。各電子は特定のエネルギーを持っており、最外殻の電子は、価電子とよばれ最も大きなエネルギーを持っています。

　また、最外殻に収納されている電子の数で周期律表の族が分類されており、シリコンは4個なのでIV族になります。

　シリコン原子は、最外殻の電子を1個ずつ共有しあって周囲の4個のシリコン原子と結合をしています。これを共有結合とよんでいます（図1-4-2）。

図1-4-1　ボーアの原子モデルとシリコン原子

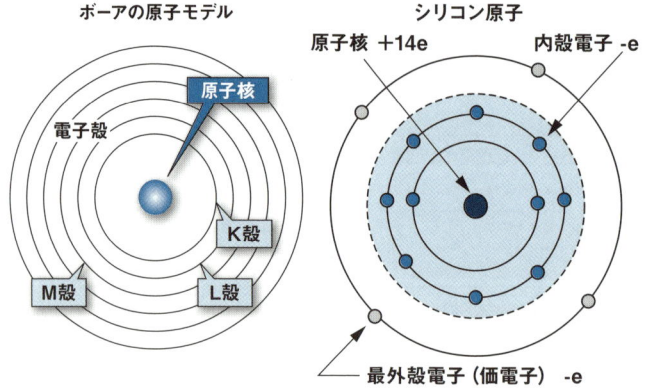

表1-4-1　電子殻と電子の収納個数

殻番号	1	2	2	4	n
殻名	K殻	L殻	M殻	N殻	
収容数	2	8	18	32	$2n^2$

図1-4-2　シリコンの共有結合

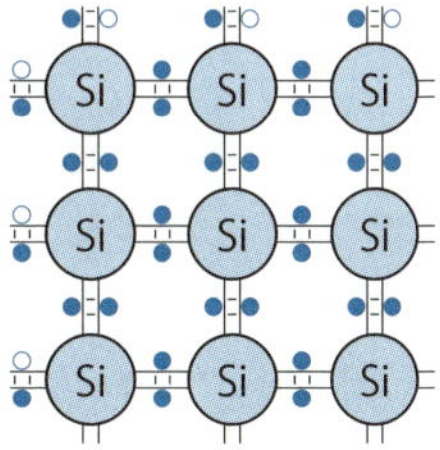

●半導体のバンド構造

　原子で電子は殻に分かれて収納されるのでエネルギーは不連続（デジタル）になります。この不連続になる電子のとることのできるエネルギー領域をエネルギーバンド（エネルギー帯）といいます。

　半導体では最外殻の価電子帯の外には電子が自由に動き回れる領域があります。この領域を伝導帯とよんでいます。最外殻とその内側の殻では電子が収納されているので電子が自由に動き回れない領域があります。この領域を価電子帯とよんでいます。

　伝導帯と価電子帯との間には電子が移動（遷移といいます）はできるが存在はできない領域があります。この領域を禁制帯とよんでいます。

　このように原子の最外殻付近のエネルギー領域は、伝導帯、禁制帯、価電子帯よりなる図1-4-3（b）のバンド構造をしています。

　この価電子帯と伝導帯の間の禁制帯のエネルギー幅をバンドギャップ（E_g）とよんでいます。E_g の単位にはeVが使われます。原子に E_g より大きいエネルギー（電気、光、熱など）を外部から加えると価電子帯の禁制帯付近の電子は、伝導帯へジャンプして自由に移動のできる自由電子になります。

　金属のように禁制帯がなく、電子が自由に動き回れる物質は、導体になります。禁制帯の幅がひろくて価電子帯の電子が自由電子になれない物質は絶縁体になります。外部からもらう電気、光、熱等のエネルギーで自由電子を発生できる禁制帯の幅を持つ物質が半導体になります。

図1-4-3　導体、半導体、絶縁体のバンド構造

・フェルミ準位：電子の存在確率が50％になる価電子帯と伝導帯の中間にあるエネルギー準位のことをいいます。伝導体での電子の存在確率は0％に近づき、価電子帯での電子の存在確率は100％に近づきます。

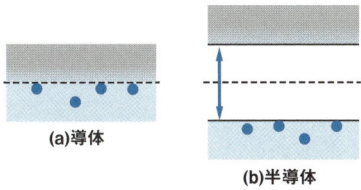
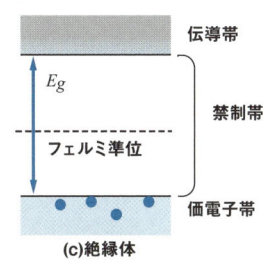

1-5 LED 発光のしくみ

● pn 接合面での自然放出発光

不純物半導体の p 型領域と n 型領域が滑らかに接している構造を pn 接合といい、このような構造をした半導体を pn 接合ダイオードといいます。

pn 接合ダイオードの p 型半導体のアノード電極 A に＋、n 型半導体のカソード電極 K に－の順方向電圧を加えると接合面付近では p 型半導体の正孔（ホール）と n 型半導体の電子が再結合しながら電流が流れます。この再結合のときにガリウムヒ素（GaAs）やガリウム窒素（GaN）といった化合物半導体のような直接遷移半導体では、再結合で余ったエネルギーが光として放出されます。これを自然放出発光とよびます。一方、シリコン（Si）やゲルマニウム（Ge）のような間接遷移半導体では格子振動にエネルギーをとられてしまい、余ったエネルギーがほとんどないのでほとんど発光しません。このように LED に適している半導体材料と適していない半導体材料があります。

図 1-5-1　pn 接合ダイオード

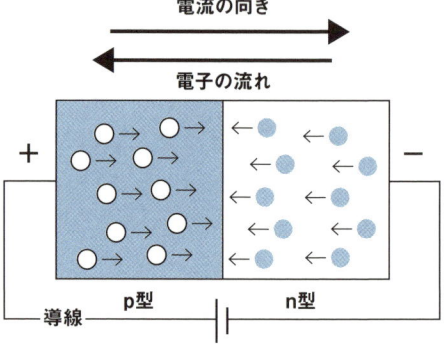

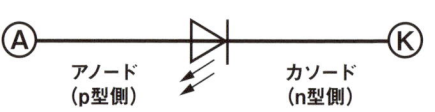

アノード：電流が流れ込む電極
　　　　　電子が出て行く電極

カソード：電流が流れ出す電極
　　　　　電子が入り込む電極

● LED の輝度と pn 接合構造

LED の輝度は pn 接合構造の発光効率によって左右されます。接合領域の活性層に多くの電子と正孔を集めて再結合させると発光効率を上げることができます。発光効率がよい構造としては、ダブルへテロ接合構造や量子井戸

構造があります。これらの構造は、ホモ接合構造と比べて複雑になりますが、高輝度 LED、青色 LED や LED の仲間の半導体レーザ（LD）にはよく使われています。

・**ホモ接合（同種接合）**

接合している p 型と n 型の半導体は、同じ結晶材料にドープされた不純物半導体です。構造が簡単なので安価になりますが発光効率はよくありません。これは pn 接合付近で発光した光が結晶から外部に出る前に吸収されてしまう割合が高いためです。

・**ダブルヘテロ接合（異種接合）**

活性層をクラッド層で挟みこむ構造で活性層にキャリヤ（電子、正孔）を閉じ込めて効率よく発光させます。

・**量子井戸構造（MQW構造）**

バンドギャップの大きい材料に挟まれたバンドギャップの小さい材料の量子井戸層にキャリヤ（電子、正孔）を閉じ込めて効率よく発光させます。

図 1-5-2　いろいろな pn 接合構造

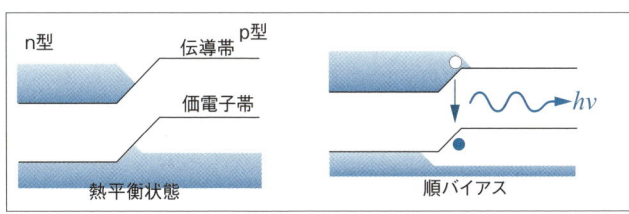

●ホモ接合

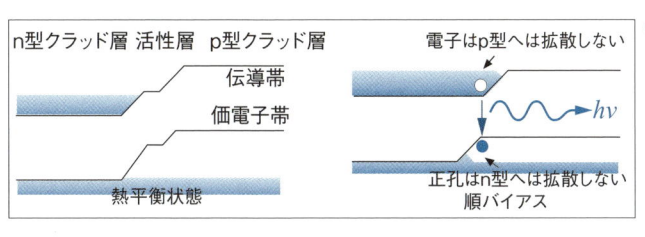

●ダブルヘテロ接合

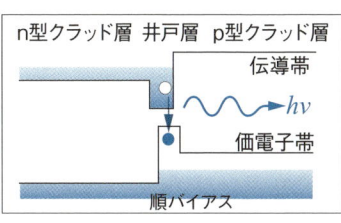

●量子井戸構造
（MQW Junction）

出典：東北大学知能デバイス材料学専攻小山研究室ホームページ

●電子の遷移

電子は価電子帯と伝導帯の間の禁制帯を遷移することを説明しました。太陽電池の発電、LED や LD の発光は、この電子の遷移のときの電子が持つエネルギーによるものです。電子の遷移によって生じる光の吸収と放出について説明します。

(a) 吸収:

入射された光を E_v の基底状態にある電子が光を吸収すると E_c の励起状態に遷移します。これを吸収とよびます。太陽電池の発電は、太陽光の吸収によるものです。

(b) 自然放出:

E_c の励起状態にある電子が E_v の基底状態に遷移し、再結合するときに余ったエネルギーを光として放出します。発光される光の波長（発光色）は、E_c と E_v の差で決まります。LED の発光はこの自然放出によるものです。

(c) 誘導放出:

入射光が E_c の励起状態にある電子に入射すると電子は、刺激を受けて E_v の基底状態に遷移します。このときに入射光と同じ波長、位相の光を放出します。この光と入射光が合算されて 2 倍に増幅された光が放出されます。この誘導放出を繰り返して増幅していくとレーザ光になります。

LD のレーザ発光はこの誘導放出によるものです。

図 1-5-3 光の吸収と放出モデル

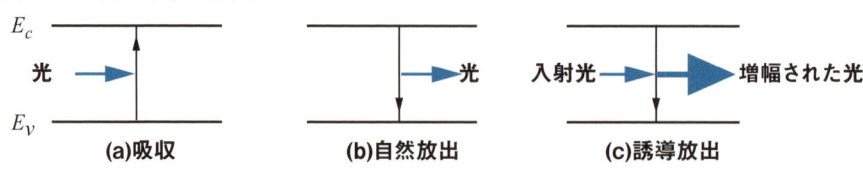

●電子の直接遷移と間接遷移の違い

バンド構造により電子が価電子帯と伝導帯の間の禁制帯を遷移する仕方には直接遷移と間接遷移があります。

・**直接遷移**（direct bandgap）

波数空間（k空間）において、半導体のバンド構造を描いたときに、伝導帯（E_c）の底と価電子帯（E_v）の頂上が同一の波数ベクトル（k点）の点に存在することをいいます。**直接ギャップ**（direct gap）とよばれることもあります。直接遷移型の半導体では、伝導帯（E_c）の下端にいる電子は、価電子帯（E_v）の上端にいるホールと運動量のやり取りをすることなく再結合（垂直遷移）することができます。そのためバンドギャップ間の再結合のエネルギーは、フォトン（光子）の形で自然放出されます。これを、放射再結合もしくは発光再結合とよんでいます。

・**間接遷移**（indirect bandgap）

波数空間（k空間）において、半導体のバンド構造を描いたときに、伝導帯（E_c）の底と価電子帯（E_v）の頂上が同一の波数ベクトル（k点）の点に存在しないことをいいます。**間接ギャップ**（indirect gap）とよばれることもあります。間接遷移型の半導体では、伝導帯（E_c）の底と価電子帯（E_v）の頂上が同じ波数ベクトルの位置に存在しません。そのため、電子とホールの再結合には運動量を必要とします。再結合は、フォノンや結晶欠陥などを介して行なわれます。再結合エネルギーは、光子の代わりに、格子振動を励起するフォノンとして放出されることが多く、光の放出は行なわれないか、生じても非常に弱い発光となります。

図 1-5-4　直接遷移と間接遷移のモデル

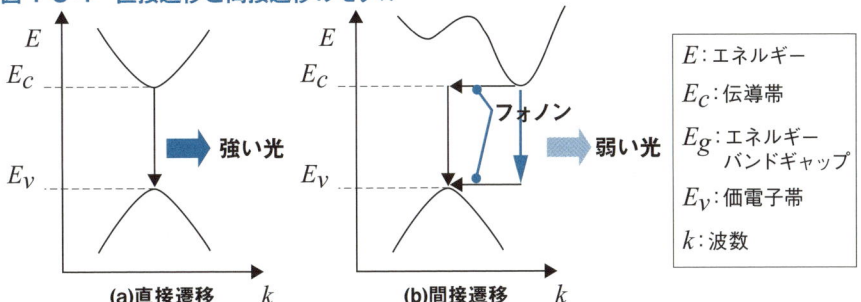

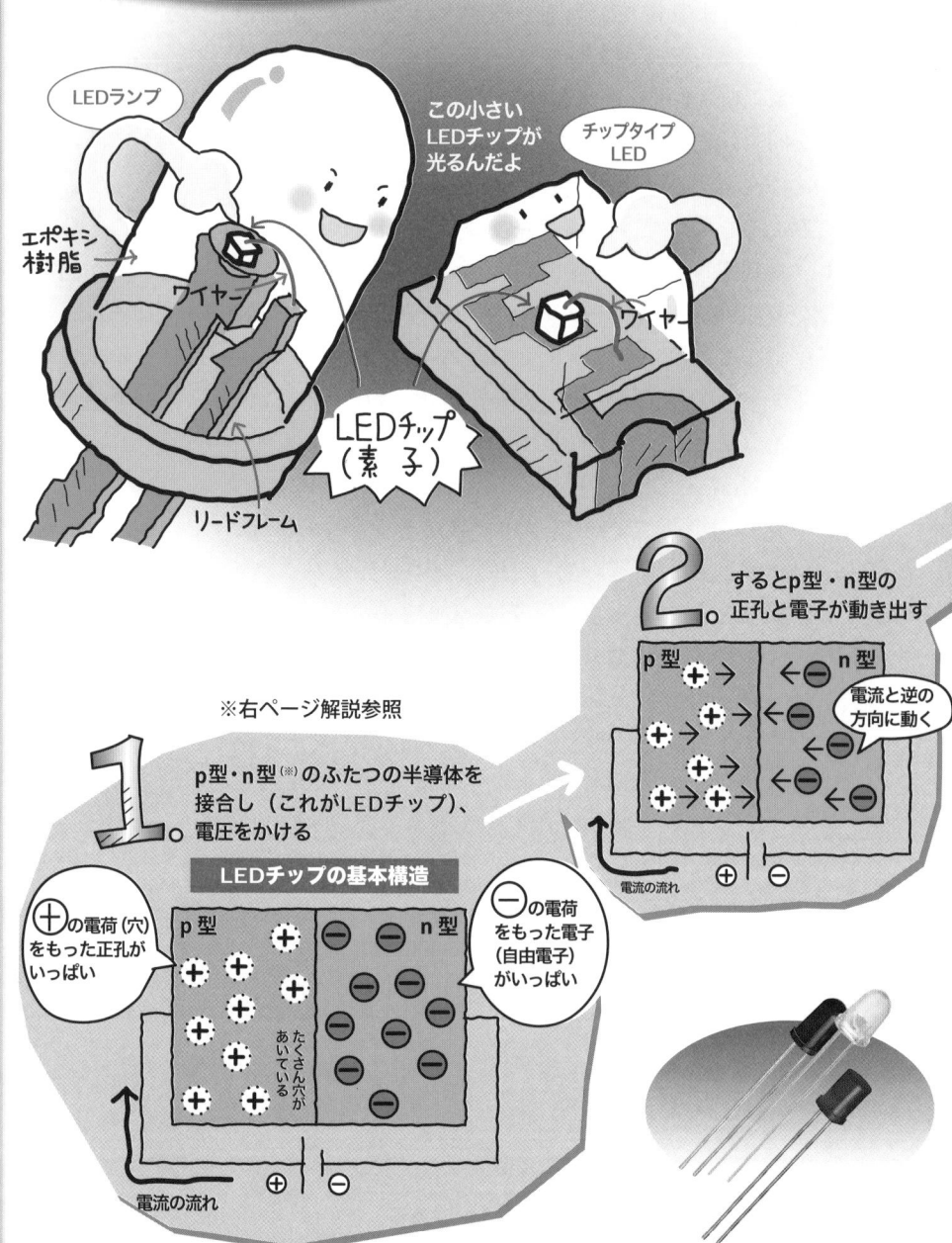

金属のように電気を通す「導体」とプラスチックやガラスなどのように電気を通さない「絶縁体」の中間のような性質を持ち、人間が与える条件によって、電気を通したり、通さなかったりするものです。

LEDは光を発生する半導体なのだ

p型半導体とn型半導体の仕組み

これがなくちゃはじまらない！

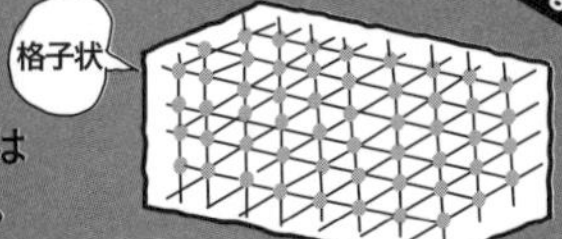

① 半導体の結晶中の原子は格子状に並んでいます。

② 原子にはそれぞれ決まった数の電子の手があり、となり同士で手をつなぎあっています。

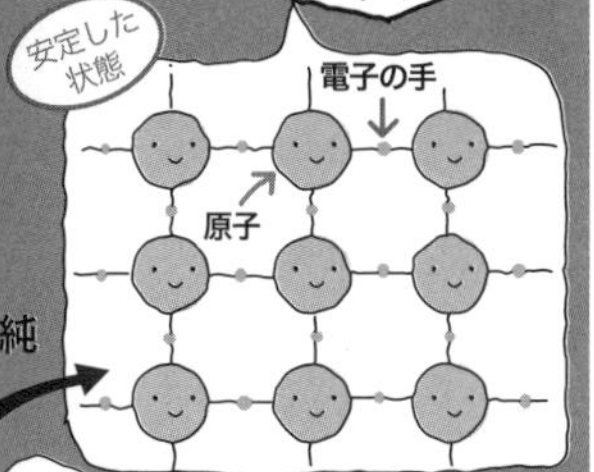

③ そこへ手の数が異なる不純物原子を入れると…

ワタシは3本

ボクは5本

格子状

安定した状態

電子の手

原子

安定した状態の結晶の中に不純物をそれぞれ入れます

④ 手が3本の原子の様子 / 手が5本の原子の様子

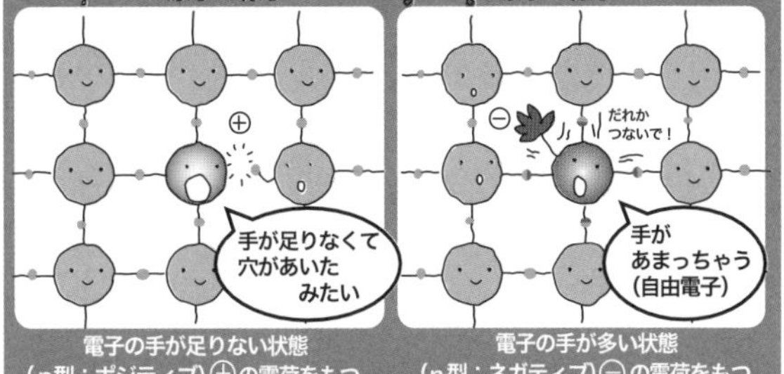

手が足りなくて穴があいたみたい

だれかつないで！

手があまっちゃう（自由電子）

電子の手が足りない状態
（p型：ポジティブ）⊕の電荷をもつ

電子の手が多い状態
（n型：ネガティブ）⊖の電荷をもつ

⑤ このふたつの状態の結晶のかたまりを結合させると、LEDの素子ができます。

くっついた！

p型 n型
LED

⑥ そこに電流を流すと電子が動き出しp型の手の足りない穴に、エネルギーの高くなったn型のあまっていた電子の手が結びつこうと動きます。その時に放出されるエネルギーが光として見えているのです。

ぴかーん

低いエネルギーに移動します

3. 移動中に出合った⊖の電子が⊕の穴に再結合してエネルギーを出す

合体 エネルギー

4. その時に放出する余分なエネルギーが光として見えているのです

エネルギー ぴかーん

スポッ 合体 すると消えてしまう

資料提供：スタンレー電気株式会社

1-6 エネルギーバンド幅と発光波長

●バンドギャップ Eg と発光波長

発光ダイオードの発光色は、発光ダイオードに使われている半導体材料が持つ価電子帯 E_v と伝導帯 E_c のエネルギー差の値で決まります。このエネルギー差をバンドギャップとか禁制帯幅とよび、E_g で表します。すなわち、発光ダイオードの放出するエネルギー E は、E_g になります。E_g は、プランク定数 h と光の波の振動数 v を乗じたものになります。

$$Eg=hv$$

光の波の振動数 v は、光速 c を波長 λ で除した c/λ なので、

$$E=Eg=hv=h\frac{c}{\lambda}$$

この式に h=6.6 × 10^{-34}[J・S]、c=3.0 × 10^8[m/S] を代入すると E_g=1.98 × 10^{-25}/λ (J) となり、λ の単位を [nm] にすると E_g=1.98 × 10^{-16}/ λ [nm] となります。

E_g の単位には、eV が一般に使われますので J から eV に変換します。1 eV = 1.6 × 10^{-19}[J] なので 1.98 × 10^{-16}/1.6 × 10^{-19} ≒ 1240 となりますので上の式は次の式になります。

$$E=Eg=hv=\frac{1240}{\lambda}[eV]$$

この式からバンドギャップ E_g が大きい半導体材料ほど波長 λ の短い光を発光することがわかります。

InGaN は、GaN と InN が混合している結晶です。この混合比を変えることによりバンドギャップ E_g の大きさを変えることでき、発光波長を調整することができます。

●半導体材料と発光波長

LEDの発光色は、半導体材料が持つバンドギャップ Eg の大きさによってほぼ決まってしまいます。半導体材料と発光色と波長の関係を表1-6-1に示します。白の発光色については、発光する青色LEDや紫外光LEDと蛍光体の組み合わせによって発光される蛍光体からのピーク波長を示します。

表1-6-1 半導体材料と発光波長

発光色	半導体材料	波長 (nm)
赤色	GaAlAs	660
橙色	AlInGaP	610〜650
黄色	AlInGaP	595
緑色	InGaN	520
青色	InGaN	450〜475
紫外	InGaN	365〜400
白色	InGaN 青+黄色蛍光体	465 560
	InGaN 紫外+RGB 蛍光体	465 530 612

●プランク定数 h の補足説明

LEDは、電子（エレクトロン）のエネルギーを光のエネルギーである光子（フォトン）に変換する素子ということもできます。この関係を1899年にプランクが $E=nhv$、(n は整数のとびとびの値) と仮定すればよいことを発見し、hv を光のエネルギー量子とよびました。

LEDに印加する電圧が一定電圧 Eg まで達すると波長の定まっている光が点灯を開始します。この時点で $E=nhv$ の関係が成立しています。ただし、LEDでは、遷移に使われた電子エネルギーのすべてが光子になるわけではありませんので電子エネルギーが100％光子に変換されたとして求めた波長 λ より、多少長めになります。逆に発光波長 λ から求めた電圧 Eg より、実際のLEDの電圧 Eg は多少高めになります。

1900年にプランクが発表した「放射に関するプランクの法則」の中で光の最小単位に関する定数としてプランク定数 h が使われています。

1-7 光源による特長と作用

●蛍光灯とLEDの比較

・発光効率と消費電力：

現在のところ100ルーメン／W前後と両者は互角ですが蛍光灯に進展はあまり見込まれていないので今後はLEDが上回っていくものと考えられます。

・寿命：

LEDの寿命は2万時間以上あり、8千時間前後の蛍光灯に勝っています。

・発光スペクトル：

波長と発光強度の関係を発光スペクトルといいます。

蛍光灯は、水銀原子が紫外線を発生させ、この紫外線が蛍光体を励起してLEDより幅のひろいスペクトルの光を発生しています。また、水銀が持つ発光スペクトルのピーク成分も含まれています。

一方、LEDは使用している半導体材料で決まる発光ピークがあります。蛍光体を励起して発光する白色LEDがありますのでより優れた蛍光体が開発されるにしたがいLEDが勝っていくものと予想されています。

・応答速度：

蛍光灯は放電して点灯するまでに時間がかかるので連続点灯用途に限られます。LEDは、応答が速いので動画像を映し出す競技場や競馬場に設けられている大型ディスプレイに使われています。

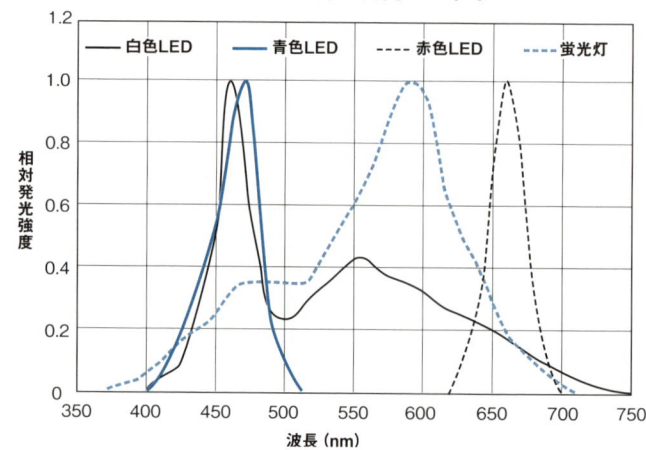

図 1-7-1　LEDと蛍光灯の発光スペクトル

出典：シナジー研究センター　植物工場研究所ホームページ

●人工光源の作用と効果

波長区分に対応して各種の人工光源用のランプや装置が作られています。人工光源は、光線エネルギーによる作用やその効果を目的に使われています。人体には危険な作用と効果を及ぼす光線エネルギーもありますので正しい人工光源の知識と使用する作業環境の安全対策が必要になります。

表 1-7-1 に各種人工光源から発せられる波長区分に対応した光線エネルギーによる作用と効果を示します。

表 1-7-1　各種光源のエネルギー作用

	光源	作用	光源
1 280	紫外線 UV-C	オゾン生成、殺菌作用、紫外性眼炎（角・結膜炎）	殺菌ランプ、低圧水銀ランプ、溶接アーク
280 315	紫外線 UV-B	陰イオン生成 紅斑作用 日光皮膚炎（日焼け） ビタミンD生成	医療用UV-B蛍光ランプ 健康線用蛍光ランプ 中圧水銀ランプ
315 400	紫外線 UV-A	色素沈着作用 日光色素増強（日焼け） PUVA（ソラレン光治療） 光過敏症, UV-A白内障 無水晶体眼網膜傷害退色促進 光化学 光架橋（光硬化性樹脂）	ブラックライト蛍光ランプ ブラックライト水銀ランプ 人工日焼けサロン用ランプ 医療用UV-A蛍光ランプ 光化学用水銀ランプ LED
400 780	可視光線	光複写 カプロラクタンの光合成 青色光網膜傷害 ビリルビンの光分解 植物の光合成 昆虫・魚類の走光性 昆虫の複眼の明順応 光情報処理（光ディスク） 光サイン、光通信、防犯 光信号、光アート	ハロゲンランプ 白色蛍光ランプ メタルハライドランプ 高圧ナトリウムランプ 特殊（青色、黄色）蛍光ランプ LED レーザ
780 1mm	赤外線	加熱、暖房、保温 加工、調理 乾燥 医療 リモートセンシング 光探査	赤外電球 ニクロム・ヒーター 遠赤外ヒーター CO_2レーザ LED
1mm	マイクロ波		

出典：社団法人日本機械工業連合会／財団法人金属系材料研究開発センター
『平成18年度LED応用機器システムにおける標準化調査報告書』

1-8 LEDの分類

　LEDの主な分類には、発光波長によるもの、パッケージの種類によるものがあります。この詳細を以下に説明します。

●発光波長による分類
　波長の短い方から
- 380nmより波長の短い紫外線を発光する紫外光LED
- 波長380〜780nmの可視光線を発光する可視光LED
- 780nmより波長の長い赤外線を発光する赤外光LED
- 1,300nmより波長の長い赤外線を発光する長波長LED

などに分類されています。
　波長範囲の両端の境界領域の値については、使われる業界、分野、学会等によって多少異なった値で定義されていますので参考値としてください。

図1-8-1　発光波長によるLEDの種類

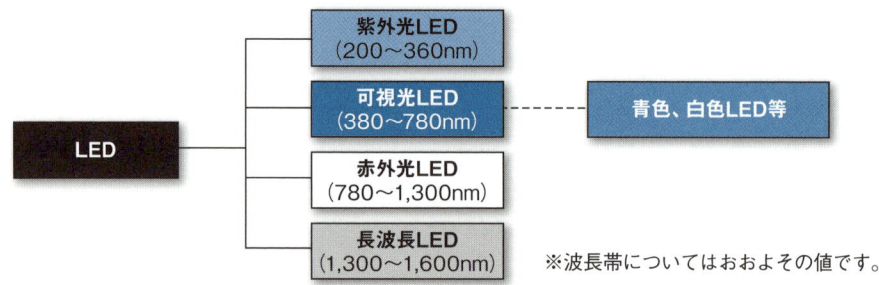

※波長帯についてはおおよその値です。

図1-8-2　電磁波と波長の関係

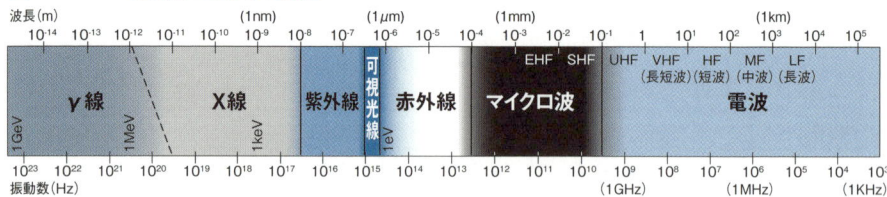

●パッケージによる分類

半導体で作られた LED チップは、配線用のリードに接続して樹脂で封止します。この入れ物をパッケージとよんでいます。パッケージの形状は、実装方式によりピン挿入型と表面実装型に大きく分けられます。両分類にはパッケージ材料やリード形式により多くの型があります（表 1-8-1）。

また、表面実装型の LED チップや抵抗を複数個基板に実装してモジュール化した製品も増えています。

表 1-8-1　パッケージによる LED の分類

	呼称	使用材料	用途	外形例
ピン挿入型	砲弾型	Fe リードフレーム	表示パネル 信号灯	
	キャン TO 型	メタル＋ガラス	DVD	
表面実装型	チップ LED 型	薄いプリント基板	携帯電話 ボタン部など	
	ガルウイング型 トップビュー	プリモールド Cu リードフレーム	照明用	
	サイドビュー		LCD バックライト	
	PLCC 型		車載 TV 照明など	
	LCC 型	セラミック	ヘッドランプ	

出典：「LED・LD 用半導体パッケージ技術の変遷」株式会社元天ホームページ

図 1-8-2　ピン挿入型（砲弾型）LED（左）と表面実装型 LED の例

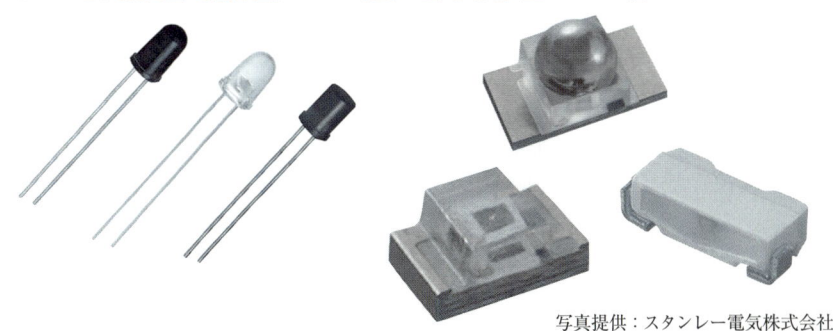

写真提供：スタンレー電気株式会社

1-9 LEDの特長と用途

● LEDの特長

発光ダイオードには、電球、蛍光灯、ネオン管、ハロゲンランプ、メラルハライドランプ等の従来の光源に比べて
- 長寿命である
- 動作が安定している
- 応答速度が速い
- 調整がいらない

等の優れた特長があります。

LEDの発光波長範囲や発光出力の幅がひろがり、実装パッケージの選択肢も増え、設計しやすくなっています。価格についても寿命や交換の手間を含めて検討すると従来の光源より勝る場合が多くなってきました。今後のさらなる技術革新も期待されているので特長も前進していくと思われます。

表 1-9-1 発光ダイオードの特長

項目	他の光源との比較	メリットとなる内容
消費電力	白熱電球に比べると数分の一 蛍光灯とは同程度	消費電力を低減できる ランニングコストを低減できる
直流・低電圧	LEDは低電圧の直流で駆動できる	装置を小型化、軽量化ができる
小型・軽量	厚さを薄く、小型化できる	デザインの自由度がふえる
光の指向性	指向性の設計が可能	光の利用効率が高くなる
発光波長	特定の波長を選択可能	光の色の設計が自由にできる
発熱	発熱量が少ない	放熱設計が簡単になる
環境負荷	水銀、鉛などを含まず環境負荷が低い	RoHS指令などの環境規制をクリヤできる
信頼性	寿命2万時間以上	メンテナンスフリーにできる
低温動作	低温でも発光効率が低下しない	寒冷地や低温な場所で使用可能になる
耐衝撃性	振動、衝撃に強い	振動、衝撃による故障を低減できる
応答速度	他の光源に比べ格段に速い	点滅動作、調光が自由にできる 高速応答用途に使用できる

● LEDの用途

LEDの用途は大きく、通信用途、表示用途、光源用途、照明用途に区分されます。それぞれの主なトレンドは以下の通りです。

・**通信用途**：
さまざまな機器に使われている赤外線リモコンが一番大きな市場です。

・**表示用途**：
電球式から置き換えの進んでいる交通信号機が注目されています。全国には車両用、歩行者用を合わせると200万灯近い交通信号機があります。従来の交通信号機では、半年から1年の周期で電球の交換が必要となるためそのメンテナンス費用が無視できませんでした。LED化すると寿命が10年前後に伸び、消費電力も1/6～1/8に減少するといったメリットがあるので急速にLED化が進行しています。

・**光源用途**：
大型液晶テレビのバックライトが注目されています。従来はCCFLという冷陰極管が使われていましたが、LED化すると省電力になり、色の再現範囲も広がることから各社、競って置き換えを進めています。

・**照明用途**：
蛍光灯の発光効率を上回る照明器具や従来の電球や蛍光管と同じ口金形状をした、そのまま置き換えが可能な製品がでてきています。従来の街路灯、誘導灯、非常灯といった特殊分野から家庭やオフィスの一般照明まで広く普及が進んできています。

図1-9-1 発光ダイオードの主な用途

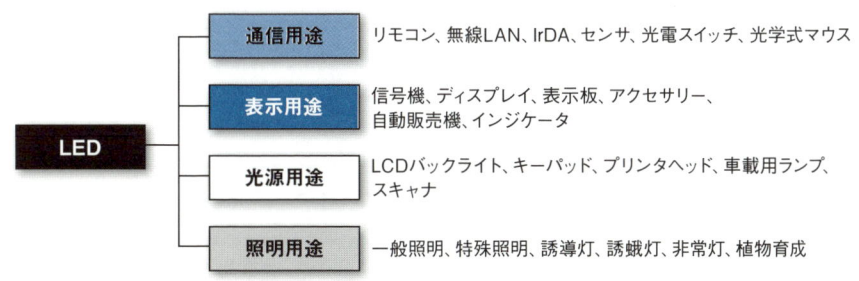

1-10 LEDの信頼性

● LED 照明器具の寿命

　LED 素子は、活性層内の pn 接合面で p 型と n 型が混在している領域が拡散していくにつれ、発光効率が低下していきます。この進行速度は、温度や応力に左右されますので実装方法と放熱設計が重要になります。

　また、LED のパッケージに使われている材料や照明器具のカバー材料は、温度や周囲環境の影響で徐々に経年劣化をしていき、光の透過率が徐々に低下していくので照明器具としての光束維持率も同様に低下していきます。

　一般照明器具の LED 寿命については、日本照明器具工業会が 2005 年 7 月に制定した技術資料 134「白色 LED 照明器具性能要求事項」の中で「一般用照明器具の光源として使用する場合の LED の寿命は、初期の全光束の 70％、または光度が初期光度の 70％に低下するまでの時間とする」と定義されています。

図 1-10-1　一般照明器具用 LED の寿命の定義

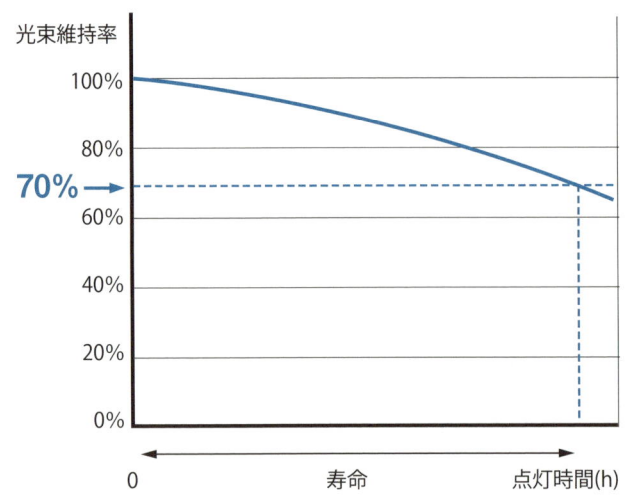

出典：東芝ライテック株式会社ホームページ

このようにLED照明器具の寿命は、初期光束を100％とする光束の維持率で決められています。

● LED照明器具の劣化要因

LEDの劣化要因は、以下のように三分類することができ、相互に関係しています。

・一次要因：LEDを動作させて劣化する直接要因

チップ内部で発生する熱に環境温度を加味した温度により、使用している樹脂、蛍光体、ハンダ、電極の金属、半導体結晶に欠陥を引き起こしたり、機械的不良を引き起こします。

また、発光する光が持つエネルギーにより、特に波長の短い光になるほど樹脂が劣化し、変色したりします。

さらに、定格以上の電流を流したり、サージ電流、突入電流などの電気的ストレスを加えると劣化します。

・二次要因：一次要因による熱、光、電気により劣化する間接要因

一次要因からの熱、光、電気のエネルギーによる劣化要因としては電極、蛍光体、チップ間の剥離、樹脂やハンダにクラックが発生するといった機械的要因と樹脂の変質、変色、金属の析出等といった物性的要因があります。

・三次要因：パッケージの外部からの影響で劣化する環境要因

使用するLEDパッケージの外部環境の温度、湿度、硫化ガス、塩分等により、金属部に錆や腐食等が発生して劣化します。

また、使用環境に振動があるとLEDチップ内の接合部分やハンダ付け部分にクラックが入ったり、ワイヤが切断するといったこともあります。

図1-10-2　LEDを劣化させる要因

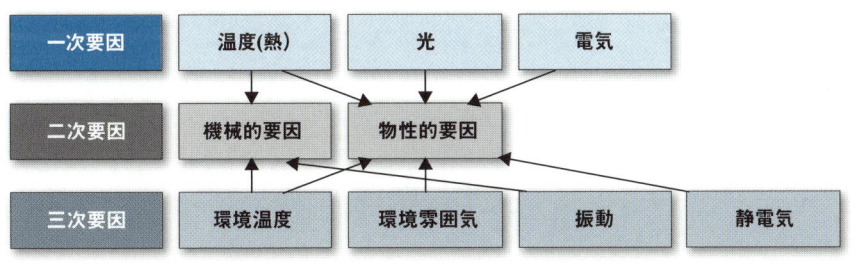

一次要因	温度(熱)	光	電気
二次要因	機械的要因	物性的要因	
三次要因	環境温度	環境雰囲気	振動	静電気

出典：LED照明信頼性ハンドブックより

このような劣化要因をまとめると図 1-10-2 のようになります。

● **LED 使用機器の故障原因**

発光ダイオードを照明に使ったときの寿命は、発光ダイオードチップの劣化、チップ封止やフィルタ材料の劣化、駆動回路や電源の寿命の中の一番寿命が短いものに左右されます。

電車やバスの LED を使った行き先表示盤で、部分的に文字が欠けたり、部分的に色が変って表示されていることがあります。これは LED 素子自身の故障よりは、駆動回路部分が故障していることが多いようです。

環境温度、外界環境等で発生する樹脂、蛍光体、ミラー、ケース等の劣化箇所や接合劣化、密着性低下等の発生箇所と取り出し光量低下につながる内容を図 1-10-3 に示します。

駆動条件や使用環境条件が仕様に対して余裕があればチップ自身の寿命は、10 万時間を越えるものもありますが、カバー等の LED 外部の劣化による光量低下を考慮してカタログには 2 万時間から 5 万時間の間の数値を表記しているものが多いようです。

図 1-10-3　LED の劣化箇所と内容

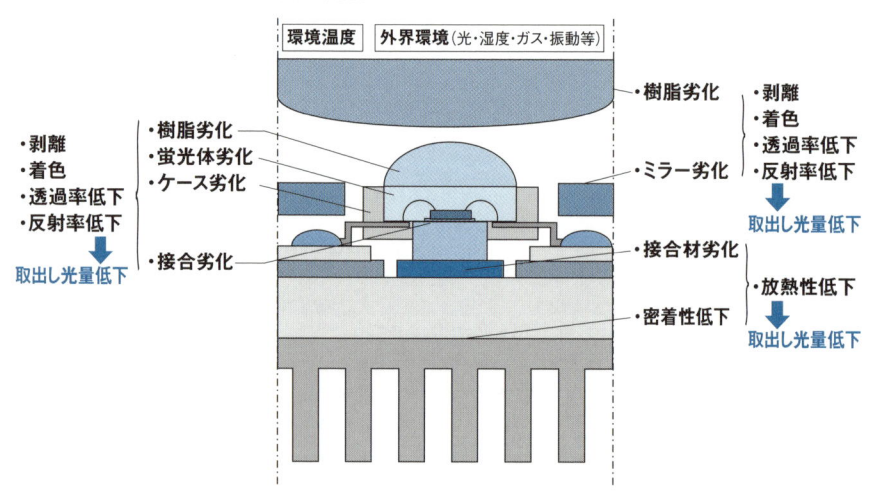

出典：特定非営利活動法人 LED 照明推進協議会「LED 照明ハンドブック」

表1-10-1にLEDパッケージ内部の各部で発生する不具合、不良、故障の主な原因とその内容を示します。これらの多くの現象の進行は、温度が上がると加速されますのでパッケージ内の温度上昇を抑える放熱設計が重要になります。

表1-10-1　LEDパッケージ内の主な故障

項目	内容
LED素子の故障	
通電による光量低下	通電により活性層内の結晶欠陥や不純物の拡散により特性が劣化し、発光出力が低下していきます。
静電破壊	静電気の高圧が加わるとpn接合部で放電が発生し、接合部の一部が破壊し、短絡しやすくなります。
電極の腐食、剥離	使用環境に水分があると電極の腐食や剥離を発生し、電気特性の不良を起こすことがあります。
ボンディングワイヤの不良	
封止樹脂の内部応力による断線	温度が急上昇すると封止樹脂の急膨張により、素子電極等で断線することがあります。
加速度による断線	使用封止樹脂にゲル状の柔軟性があり、加速度が加わると断線に至ることがあります。
過大電流による断線	過大電流が流れると発熱による溶断や、マイグレーション発生で断線に至ることがあります。
ダイボンドの不具合	
封止樹脂の内部応力による剥離現象	封止樹脂の膨張によりダイボンド部に剥離が発生すると通電や熱伝導に不良が発生します。
ダイボンド樹脂の劣化	水分のある環境でダイボンド樹脂に銀ペーストを使うと黒化し、光度劣化を招くことがあります。
マイグレーション	水分と電界が存在すると金属が析出して短絡等の不良を引き起こすことがあります。
樹脂封止材料の不具合	
封止樹脂の内部応力によるクラックの発生	熱膨張による膨張に対して柔軟性のない材料を使うと亀裂を発生し、不良を引き起こします。
封止樹脂の光劣化	耐光劣化の弱い封止樹脂を使うとLED素子の直近で光を受けるので透過性が劣化します。
その他	硫化水素ガス、ゴムなどに含まれている硫黄成分を含むガス、酸性ガス、塩分を含む水分など半導体機器が不得意とする悪環境は、LEDも不得意です。

1-11 LED と LD の違い

　LED の仲間に半導体レーザがあります。以下、LD（Laser Diode）と表記します（詳細は第 6 章参照）。
　LED からは周期や振幅のそろっていない拡散しやすいインコヒーレントな光が発光されますが、LD からは周期や振幅のそろった拡散しないコヒーレントな光が発光されます。このように LED と LD には、発光する光の波長の性質に違いがあります。

●コヒーレントな光とインコヒーレントな光

　複数の光波の周期、振幅がそろっているときコヒーレント（Coherent）といいます。コヒーレントな光は、拡散せずに長距離を伝搬できたり、小さなスポットに収束したりできます。LD が発光する光線は、コヒーレントな光です。
　DVD では 0.74μm 以下、Blu-ray では 0.32μm 以下の直径をした LD のレーザビームで盤面の情報を読み出したり書き込んだりしています。このビーム径が実現できたのはコヒーレントな光のおかげです。
　太陽光、電球、蛍光灯といった我々の身の回りにある光源や LED は、周期、振幅が不揃いなすぐに拡散してしまうインコヒーレント（Incoherent）な光です。
　太陽の光がくまなく地上を照らしてくれるのも太陽光がインコヒーレントなおかげです。また、ひとつの照明器具で広範囲な照明ができるのも照明光がインコヒーレントなおかげです。

図 1-11-1　コヒーレントな光 (左) とインコヒーレントな光 (右)

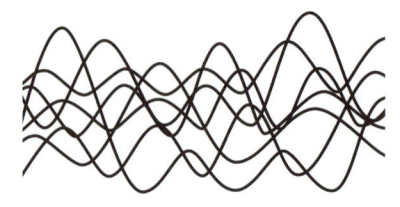

● LED と LD のスペクトル分布の違い

　LED と LD の発光される光の性質の違いを発光スペクトルから調べてみましょう。

　図 1-11-2 に示すインコヒーレントな赤外光 LED のスペクトルでは、相対光出力 50％で 900 ～ 970nm とスペクトル分布が約 70nm 前後の幅を持っています。

　一方、コヒーレントな LD のスペクトルでは、相対光出力 50％で 807.5 ～ 808.5nm とスペクトル分布が 1nm 弱の幅となり LED に比べて 1/70 以下となっていることから波長がそろっていることがわかります。

　このようなスペクトル分布の幅が狭いコヒーレントな LD の光は、お互いに干渉をおこしやすい性質があり、そのときに発生する干渉縞は、微小測長、表面の粗さなどの精密測定をする測定器に利用されています。

図 1-11-2　LED と LD のスペクトル分布例

赤外光 LED スペクトル例
（ピーク波長　940nm）

LD のスペクトル例（マルチモードレーザ）
（ピーク波長　808nm）

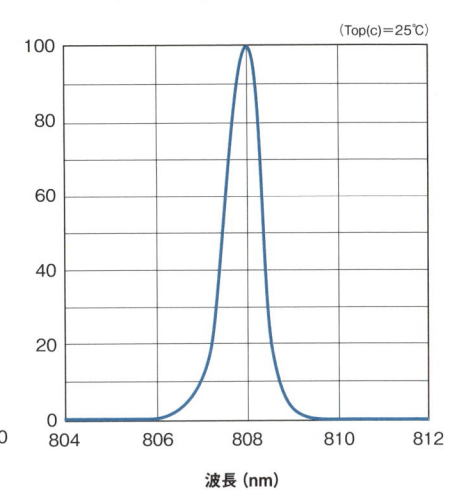

出典：浜松ホトニクス株式会社ホームページ

1．発光ダイオードの基礎知識

⚠ LED大型スクリーンの動向

　太陽の日差しの下でも映像を視認できるということで競技場などの観覧席の上に小型のCRT球や高輝度LEDを使った大型スクリーンが設置されてきました。最近では高輝度LED方式が主流になり、従来のCRT方式からの置き換えが進んでいます。また、すだれ型の大型スクリーンがスタジオやステージで使われるようになり、活躍の場がますます広がっています。最近のLED大型スクリーンの動向を紹介します。

●すだれ型LED大型スクリーン

　最近、ステルススクリーンとかシースルースクリーンとよばれている透過性のあるLED大型スクリーンが音楽番組やミュージカルのステージによく使われています。
　小道具さんが制作したセットを移動したりする手間がなくなり、たちどころに場面転換もできるようになったので重宝に多用されています。また回想シーンやCGで作成した特殊映像をオーバーラップして映すなど、いままでにない多彩な舞台作りが可能になっています。

●壁面LED大型スクリーン

　繁華街の交差点や駅前で見上げるとビルの壁面や屋上にLED大型スクリーンが設置されています。
　渋谷駅前スクランブル交差点ではハチ公側から見上げると大小さまざまなLED大型スクリーンを左右に視認することができます。Q-FRONTの壁面と一体化した大型スクリーンQS-EYEの横には450インチのマイティビジョン渋谷が登場しました。
　また株式会社シブヤテレビジョンでは200インチ前後のスクリーン8面を渋谷の街中に張り巡らし、音と映像による情報を、一日に200万人以上といわれる渋谷を訪れる人々に向けて発信しています。

●競技場、野球場、競馬場、競輪場、競艇場等のLED大型スクリーン

　競技場や野球場のスコアボードなどさまざまな情報を表示している大型スクリーンはかなり前からおなじみでしたが大型スクリーンは標準装備の必需品になり、あらゆる競技場、競馬場、競輪場、競艇場などに設置されています。
　函館競馬場では縦7.04メートル、横17.28メートルで735インチのCRT方式からLED方式の最新の大型映像スクリーンに更新されました。
　川崎競馬場には縦16メートル、横72メートルで300インチのギネスにも登録されている横長の「川崎ドリームビジョン」が設置されています。
　記録は塗り替えられるためにあるのでさらに大型スクリーンの計画も目白押しです。このように顧客の要望に応えてますます大型化し、3D表示など高機能化するLED大型スクリーンの今後の動向から目がはなせません。

第2章

発光ダイオードの製造工程

LEDの製造工程を、半導体材料から基板の製造工程、
LEDウェーハの製造工程、LEDチップの製造工程を経て
パッケージされて製品に至るまでの流れを説明します。

2-1 材料基板工程① 単結晶成長工程

　LEDの製造工程は、材料基板工程、LEDウェーハ工程とLEDチップ工程に大きく分けられます。最初の材料基板の製造工程について見ていきましょう。材料基板の製造工程は、単結晶成長工程とウェーハ加工工程に分けられます。

図2-1-1　材料基板からLEDチップまで

- 材料基板工程
  - 単結晶成長工程
  - ウェーハ加工工程
- ⇒ LEDウェーハ工程
  - エピタキシャル結晶成長
  - LED動作層の形成
  - LEDチップパターンの形成
- ⇒ LEDチップ工程

●単結晶成長工程の方式

　半導体の基板に使われているシリコン単結晶、ガリウムヒ素単結晶やサファイア単結晶などの単結晶を成長させてインゴットを製造するには、EFG法、CZ法、MCZ法、Kyoropoulos法、HEM（熱交換）法などの方式による結晶成長装置が使われています。ここではEFG法、CZ法、MCZ法について簡単に説明します。

・**EFG法（Edge-defined Film-fed Growth Method法）**

　ルツボ中のアルミナ（Al_2O_3）融液は、融液供給スリットを結晶成長用ダイ上端へと毛細管現象で導かれていきます（図2-1-2）。上端ではサファイアリボン単結晶となり、引き上げられて成長していきます。結晶の形状はダイ上端の形状で決まるので任意の形状の大きなサイズのサファイア単結晶を得ることができます。

図 2-1-2　EFG 法単結晶成長装置

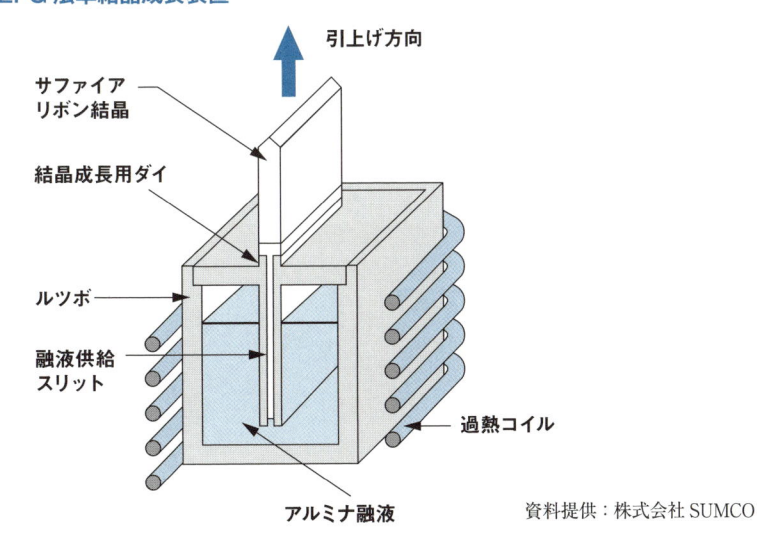

資料提供：株式会社 SUMCO

- **CZ 法（チョコラスキー法）、MCZ 法**

　シリコン多結晶を溶解したルツボから種結晶を回転させて引上げながら単結晶インゴットを成長させる単結晶成長装置の方式が CZ 法で最もポピュラーに使われています。CZ 法に磁場をかけて結晶特性や酸素濃度を制御する方式に MCZ（Magneticfield applied CZ）法があります。

図 2-1-3　CZ 法、MCZ 法単結晶成長装置

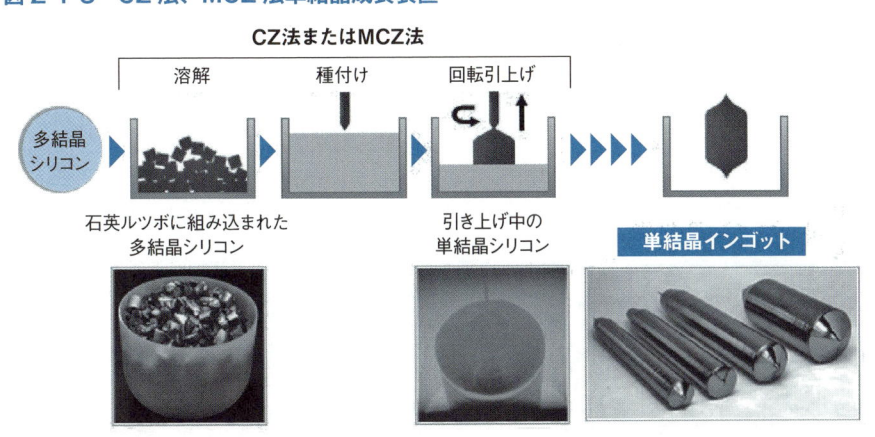

資料提供：株式会社 SUMCO

2-2 材料基板工程② ウェーハ加工工程

●インゴットからポリッシュト・ウェーハへ

　高度に組成を管理した単結晶シリコンのような半導体材料で作られた円柱状のインゴットの表面を削って加工し、薄くスライスされた円盤状の基板をウェーハといいます。ウェハーともウェハともよばれています。インゴットをスライスしてからポリッシュト・ウェーハになるまでには、以下のような加工工程をたどります。

①単結晶インゴットを、極細のワイヤーを使ったワイヤーソー切断装置を使って厚さ1mm程度にスライスしてウェーハ状にします。

図2-2-1　インゴットの切断

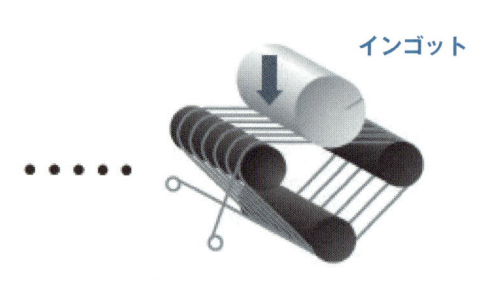

ワイヤーソー　　　　　　　　　インゴット　　　ワイヤーソーでの切断イメージ

②スライスされたばかりのウェーハの切断表面には凹凸がありますのでラッ

図2-2-2　ラッピング装置での粗研磨

ラッピング装置　　　　　　　ラッピング装置　構造図

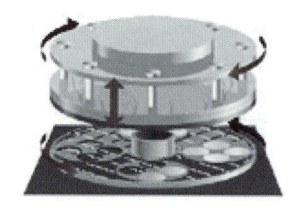

ピング装置内のラッピングキャリヤに載せて表裏両面から研磨材で粗研磨をします。この段階ではまだ表面は曇った状態です。

③加工で受けたウェーハの歪みと付着している異物を除去するために表面をケミカルエッチングします。

④さらにケミカルメカニカルポリッシング（CMP）を研磨装置で行い、平坦度の高い鏡面状態に仕上げます。

図2-2-3　ウェーハの研磨

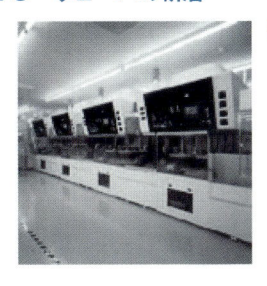

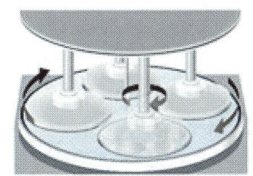

研磨装置　　　　　　　　　研磨装置　構造図

⑤鏡面仕上げされたウェーハを洗浄装置で洗浄し、厚み、平坦度、傷の有無などについて目視と検査装置で検査を行います。この検査に合格すればポリッシュ・ウェーハの完成です。

図2-2-4　ウェーハの洗浄からポリッシュ・ウェーハの完成

ウェーハ洗浄　　　目視検査　　　▶▶▶▶▶　ポリッシュ・ウェーハ(pw)

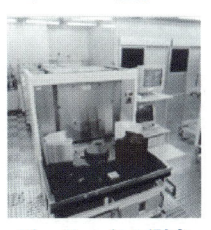

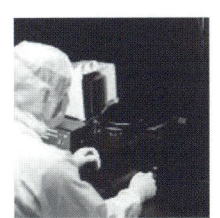

パーティクル測定　　平滑度測定　　　　資料提供：株式会社SUMCO（左ページも）

2・発光ダイオードの製造工程

2-3 LEDウェーハ工程① エピタキシャル結晶成長

　LEDウェーハは、単結晶基板の上にn層、発光層、p層からなるLED動作層をエピタキシャル結晶成長法で積層して作製します。
　主なエピタキシャル結晶成長法には、ＬＰＥ法、ＶＰＥ法、ＭＯＶＰＥ法、ＭＢＥ法があります。それぞれの方式には、成長可能な結晶材料、成膜速度、残留不純物、制御性などに得意、不得意があるので、用途に応じて使いわけられています。
　エピタキシャル結晶成長法における、結晶成長材料の純度、LED動作層の結晶品質や電子と正孔のLED動作層の積層構造は、再結合確率を高めてLEDの発光特性と電気特性を向上させる重要な要素です。

●エピタキシャル結晶成長法の種類

　LED動作層を作るエピタキシャル結晶成長法の主な方式を紹介します。
・ＬＰＥ法（液相成長法、Liquid Phase Epitaxy）
　液相−固相の化学平衡を利用した結晶成長法で、高品質な半導体結晶が得られます。また成膜速度が速く厚膜成長を得意としています。主に、赤外光LEDや赤色LEDで、AlGaAs結晶成長に用いられています。
・ＶＰＥ法（気相成長法、Vapor Phase Epitaxy）
　成膜速度が速く厚膜成長を得意としています。主にGaAsP結晶成長に用いられます。また、アンバー（橙色）LEDのGaP窓層の成長や、GaN単結晶基板成長にも用いられています。
・MOVPE法（有機金属気相成長法、Metal Organic Vapor Phase Epitaxy）
　他の方法と比較して結晶成長のパラメータである温度、圧力、材料ガス供給量などを広範に操作できます。材料の高純度化が進んだこと、さらに薄膜結晶成長を得意としていることなどから、多彩な積層構造の作成が可能です。またMOVPE法はMOCVD法ともよばれており、研究用途から産業用途まで幅広く使われています。

・MBE法（分子線成長法、Molecular Beam Epitaxy）

　非平衡系で材料を分子線で照射する、化学反応過程を介さない方法です。結晶成長のメカニズム解析や、超薄膜成長を得意としており、研究用途で広く用いられています。

図2-3-1　MOVPE法（有機金属気相成長法）の構成例

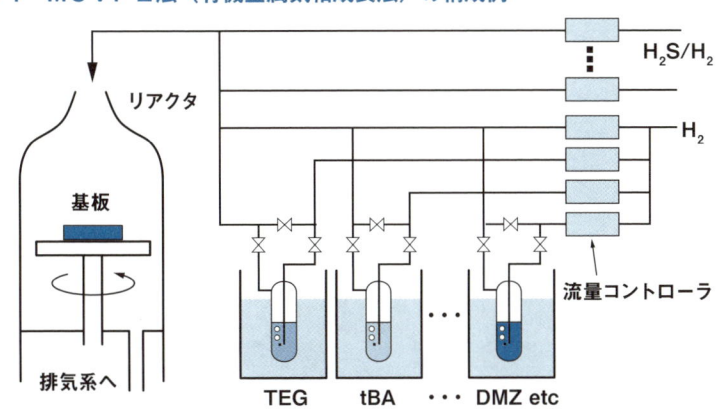

出典：上智大学理工学部電気・電子工学科　下村研究室ホームページ

図2-3-2　MBE法（分子線成長法）の構成例

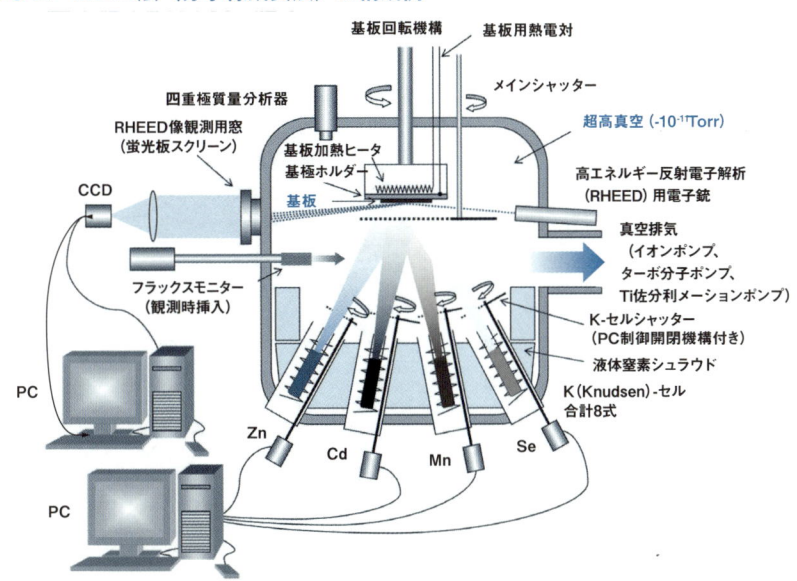

出典：北海道大学情報科学研究科 情報エレクトロニクス専攻　集積プロセス学研究室ホームページ

絵でみる発光ダイオード 2
LEDの心臓部・結晶成長の話

素子（LEDチップ）を作るために必要な結晶成長の工程を説明します。

LEDチップの結晶ってど〜やって成長させるの？

LEDチップは、基板に結晶を成長させることからはじまります。成長法には"液相"と"気相"の2つの方法があり、材料とデバイスの種類によって成長法を選びます。

※基板…ここではGaAs結晶基板を例に説明します。

液相

例 温度差法による結晶成長
「液相成長法」

【主な材料】
溶　媒：液体ガリウム
個体ソース：☺ Ga（ガリウム）　　Al（アルミニウム）
　　　　　　☺ As（ヒ素）　　◎ 不純物 ─ Zn（亜鉛）またはTe（テルル）

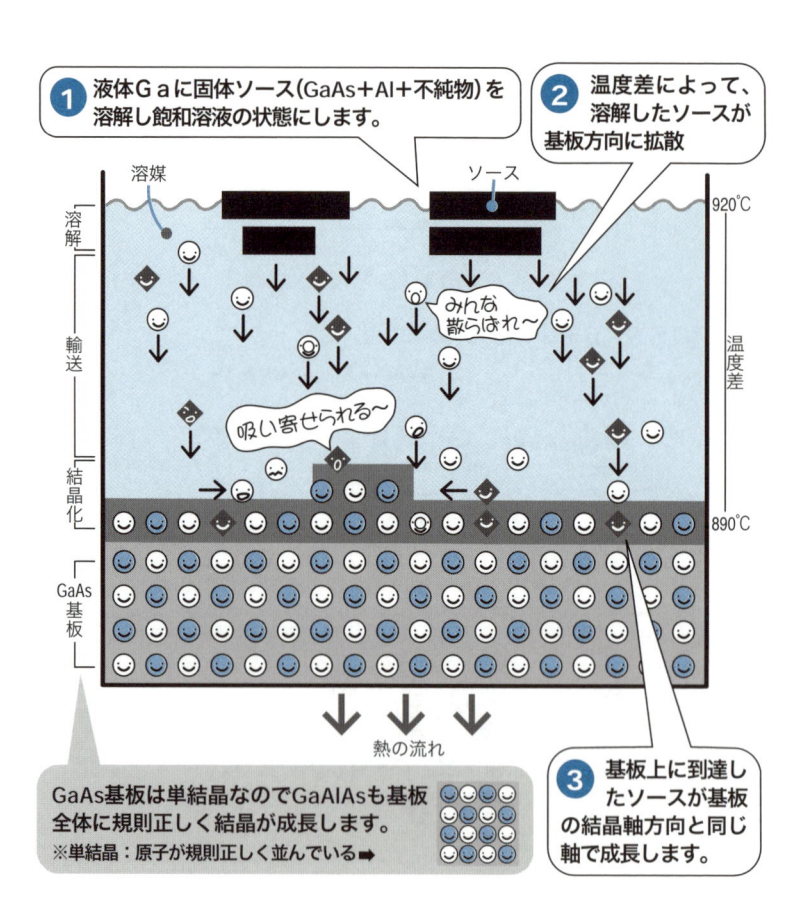

① 液体Gaに固体ソース（GaAs＋Al＋不純物）を溶解し飽和溶液の状態にします。

② 温度差によって、溶解したソースが基板方向に拡散

溶媒　　ソース

920℃

みんな散らばれ〜

吸い寄せられる〜

溶解 / 輸送 / 結晶化

890℃

温度差

GaAs基板

熱の流れ

GaAs基板は単結晶なのでGaAlAsも基板全体に規則正しく結晶が成長します。
※単結晶：原子が規則正しく並んでいる➡

③ 基板上に到達したソースが基板の結晶軸方向と同じ軸で成長します。

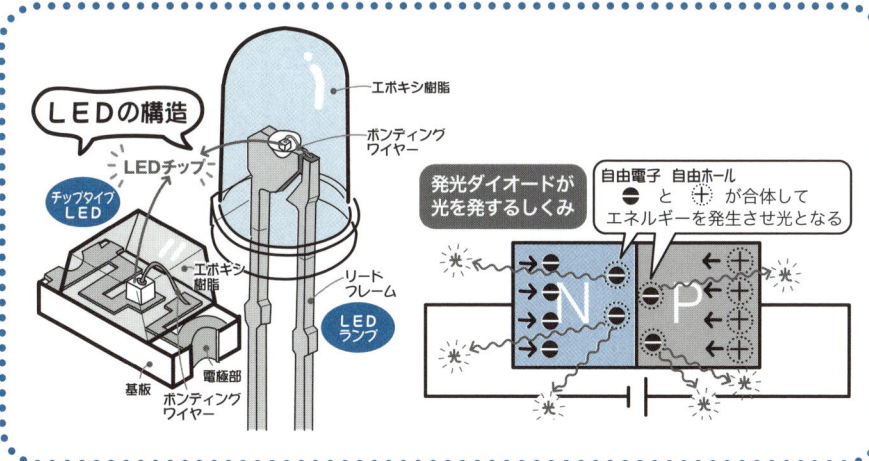

2. 発光ダイオードの製造工程

LEDの構造

- エポキシ樹脂
- ボンディングワイヤー
- LEDチップ
- リードフレーム
- LEDランプ

チップタイプLED
- エポキシ樹脂
- 基板
- ボンディングワイヤー
- 電極部

発光ダイオードが光を発するしくみ

自由電子 ●と 自由ホール ⊕ が合体してエネルギーを発生させ光となる

N / P

気相

【主な材料】
有機ガリウム、有機アルミニウム、アルシン、不純物

例「有機金属気相成長法」

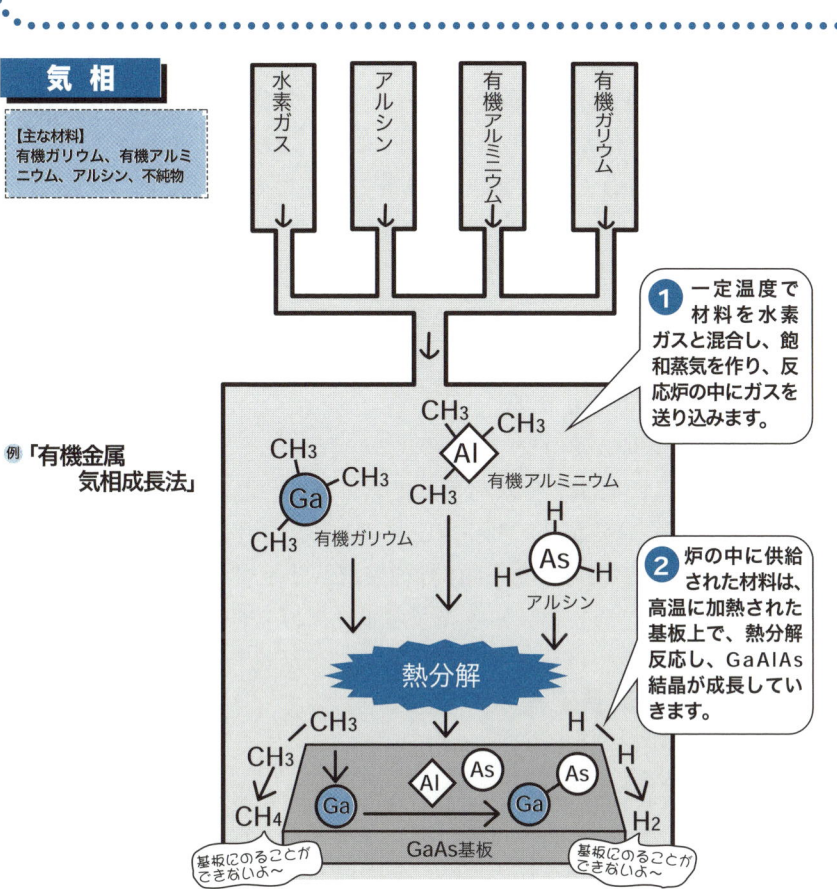

- 水素ガス
- アルシン
- 有機アルミニウム
- 有機ガリウム

① 一定温度で材料を水素ガスと混合し、飽和蒸気を作り、反応炉の中にガスを送り込みます。

有機アルミニウム: $Al(CH_3)_3$
有機ガリウム: $Ga(CH_3)_3$
アルシン: AsH_3

熱分解

② 炉の中に供給された材料は、高温に加熱された基板上で、熱分解反応し、GaAlAs結晶が成長していきます。

CH_3 → CH_4
Ga, Al, As, Ga, As
H → H_2

GaAs基板

基板にのることができないよ〜
基板にのることができないよ〜

資料提供：スタンレー電気株式会社

2-4 LEDウェーハ工程② LED動作層の形成

　ここではダブルヘテロ接合の活性層（発光層）を持つガリウム窒化物（GaN）青色LEDを例にとってLED動作層の形成について説明します。

　InGaNを発光層とするLEDではInとGaの混晶比を変えることにより紫外線から青〜緑〜黄までの任意の波長の高輝度LEDを作ることができます。

　In組成を変化させることで、発光波長域は赤外から紫外まで変化します。発光効率は波長400〜420nmで最大になり、それより長波長側で緩やかに減少していきます。短波長側では、380nm以下で急激に減少してしまいます。

　GaN系の最短波長は、GaNのバンドギャップが3.4eV（365nm）ですので、さらに短波長化するためにはAlN6.2eV（200nm）を利用して四元混晶AlInGaN系を用います。380nm以下で急激に効率が劣化する原因は、InGaN層の組成不均一が減少して転位の影響を受け始めることとGaNが波長370nm以下の光を吸収してしまうためです。発光効率を改善するためには、

- **活性層のIn組成の不均一を増大させる**
- **転位密度を低減させる**
- **GaNによる吸収を低減させる**

などの対策をとる必要があります。

　InGaN LEDでは、MOVPE法を使って原料ガスの流量比や温度を変えながらエピタキシャル成長させて動作層を形成しています。

　n層、発光層、p層よりなるLED動作層は、サファイア基板上に以下の工程で形成されます。以下にエピタキシャル成長の手順の一例を示します。

●エピタキシャル成長工程

①バッファ層：
　サファイア基板とGaNは格子定数が違うためエピタキシャル成長させることができないので、整合をとるために下地となるバッファ層をまず形成します。

②**n型クラッド層**：

　n型のGaNをエピタキシャル成長させ、n型クラッド層の薄膜を形成します。

③**活性層（発光層）**：

　InGaN/GaNをエピタキシャル成長させ、活性層（発光層）を形成します。

④**p型クラッド層**：

　p型のGaNをエピタキシャル成長させ、p型クラッド層の薄膜を形成します。

　以上の工程を経てLED動作層がサファイア基板上に形成されました。動作層の厚みは、75μm前後の極めて薄いものです。

図2-4-1　サファイア基板上にエピタキシャル成長させたLED動作層

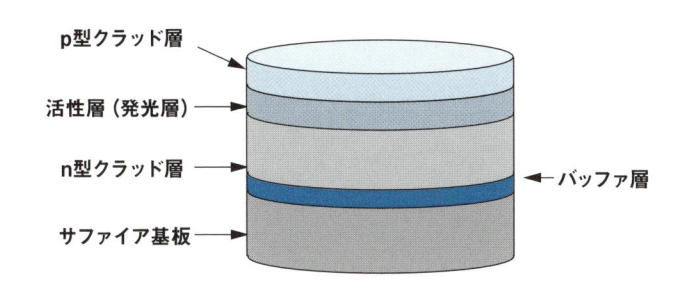

```
p型クラッド層
活性層（発光層）
n型クラッド層　　　　　　　　　　　バッファ層
サファイア基板
```

> **！ エピタキシャル成長成功の秘話**
>
> 　エピタキシャル成長させるためには格子定数がほぼ等しく、温度膨張係数の等しい結晶上に形成しなければなりません。ところが窒化ガリウム（ＧａＮ）とサファイアの格子定数は大きく異なるのでエピタキシャル成長をうまく行うことができませんでした。
>
> 　そこでGaNをエピタキシャル成長させるのをあきらめた研究者が多かったのですが名古屋大学特別教授・赤崎勇氏と名古屋大教授・天野浩氏は、1985年に、低温バッファ層をサファイア基板上に挟み込むことでエピタキシャル成長させることに成功しました。この成功がLEDに今日の発展をもたらしたのです。

2-5 LED ウェーハ工程③ LED チップパターンの形成

　前節で形成した LED 動作層のウェーハ上にチップ素子の分離溝、透明電極、パッド電極と保護膜を形成するのが LED チップパターン形成工程です。
　一般的なパターンは、

① 素子分離溝の形成
② 透明電極（p 側電極）の形成
③ パッド電極（n 側電極と p 側パッド電極）の形成
④ 保護膜の形成

の工程を経て形成され、LED ウェーハが出来上がります。

図 2-5-1　パターン形成された LED チップ

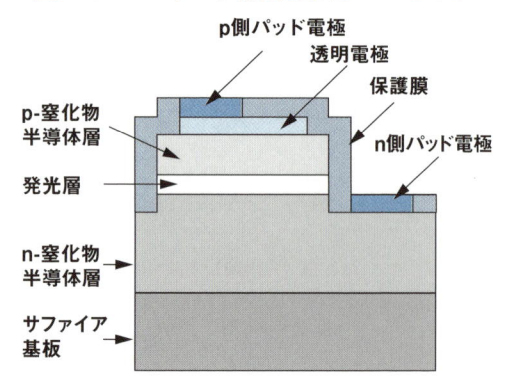

（p側パッド電極、透明電極、保護膜、p-窒化物半導体層、発光層、n-窒化物半導体層、サファイア基板、n側パッド電極）

① 素子分離溝の形成

　LED 素子の発光領域を覆うレジストマスクをフォトリソグラフィ技術で形成します。続いてマスクで覆われていない部分の上部動作層（p 型 GaN および活性層）と下部動作層（n 型 GaN）の一部をドライエッチングで除去して素子分離溝を形成します。

図 2-5-2　素子分離溝の形成

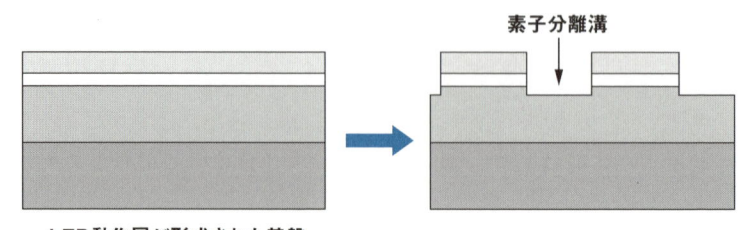

LED動作層が形成された基盤 → 素子分離溝

②透明電極（p側電極）の形成

　p側電極形成領域が空いているレジストマスクをフォトリソグラフィ技術で形成します。続いて電極材料を蒸着してから、レジストと余分な電極材料をリフトオフ加工して除去すると上部動作層（p型GaN層）の表面に透明電極が形成されます。

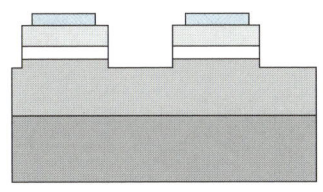

図2-5-3　透明電極の形成

③パッド電極（n側電極とp側パッド電極）の形成

　n側パッド電極形成領域とp側パッド電極形成領域が空いているレジストマスクをフォトリソグラフィ技術により形成します。続いて電極材料をマスクの上から蒸着します。その後、リフトオフ加工をしてレジストと余分な電極材料を除去するとパッド電極が形成されます。

図2-5-4　パッド電極の形成

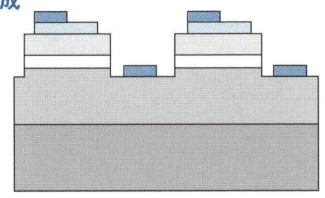

④保護膜の形成

　気相成膜法により、保護膜をウェーハ全体に形成します。次にフォトリソグラフィ技術により、n側パッド電極形成領域とp側パッド電極形成領域が空いたレジストマスクを形成します。エッチングにてパッド電極上の保護膜を除去し、最後にレジスト除去すると保護膜形成が終了します。

図2-5-5　保護膜の形成

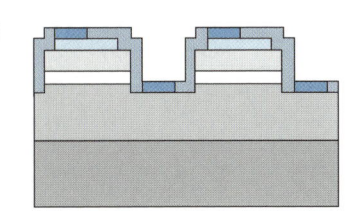

絵でみる発光ダイオード 3
チップタイプLEDのできるまで

表面実装型ともよばれる、チップタイプのLEDの製造工程を説明します。

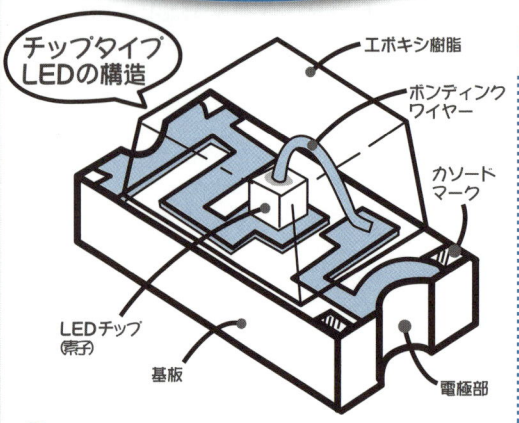

チップタイプLEDの構造
- エポキシ樹脂
- ボンディングワイヤー
- カソードマーク
- 電極部
- 基板
- LEDチップ（素子）

主な材料
- シート状素子／シート 
- エポキシ樹脂
- 導電性接着剤（銀ペースト）
- プリント基板
- ボンディングワイヤー

❶ ダイボンディング工程

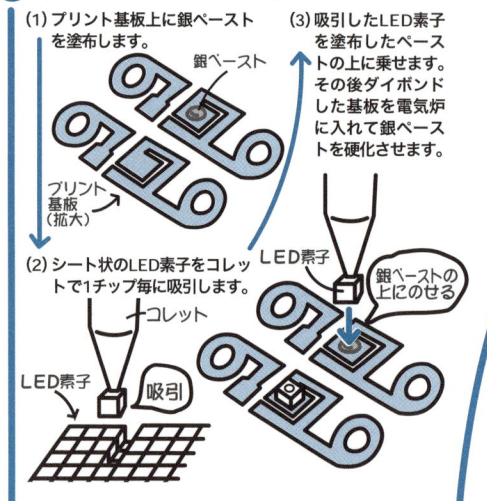

(1) プリント基板上に銀ペーストを塗布します。
　　銀ペースト
　　プリント基板（拡大）

(2) シート状のLEDの素子をコレットで1チップ毎に吸引します。
　　コレット
　　LED素子
　　吸引

(3) 吸引したLED素子を塗布したペーストの上に乗せます。その後ダイボンドした基板を電気炉に入れて銀ペーストを硬化させます。
　　LED素子
　　銀ペーストの上にのせる

❷ ワイヤーボンディング工程

(1) ダイボンディングされたLED素子に金ワイヤーをボンディングし、回路を形成します。
　　ボンディングワイヤー
　　ボンディング部の接合には、熱と超音波を採用
　　LED素子

(2) ワイヤーを素子表面と電極部にボンディング
　　1stボンド
　　2ndボンド

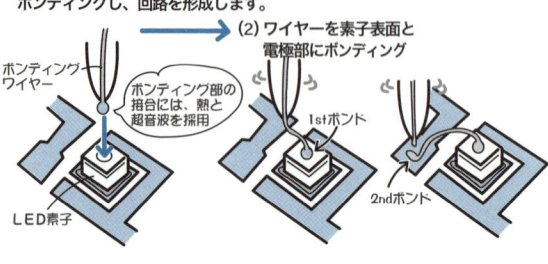

❸ モールド工程

(1) 金型にプリント基板をセットし、エポキシ樹脂を形成することにより、プリント基板上に製品形状を作り上げます。
　　エポキシ樹脂
　　LED素子がエポキシ樹脂におおわれている

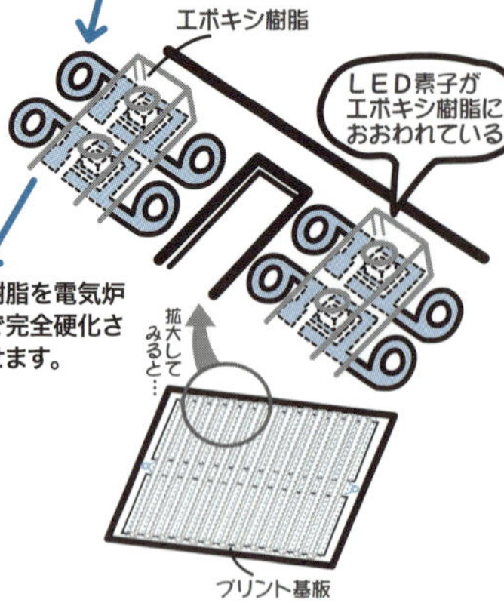

(2) 樹脂を電気炉で完全硬化させます。
　　拡大してみると…
　　プリント基板

2. 発光ダイオードの製造工程

チップタイプLEDの種類

【フラットレンズタイプ】
標準タイプ

【インナーレンズタイプ】
内側にレンズをつけたタイプ

【レンズ付きタイプ】
ドーム型のレンズがついたタイプ

【サイドビュータイプ】
側面取り付けタイプ

などがあります。

チップタイプLEDの用途

通信機器用	携帯電話、ビジネスフォンなどの表示部分のバック照明、キー照明
車載機器用	カーステレオ、ヒーコンパネル、メーターパネル部の表示
遊技機器用	ゲーム機器の表示
民生家電機器用	コピー機や家電製品などの一般表示部分

④ ダイサー工程
プリント基板上に形成された製品を個々の製品に切断します。
切断 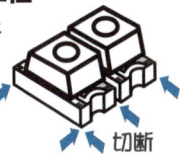

⑤ 光学的特性検査工程
明るさ、順電圧（光らせるために必要な電圧）、色調などを検査し分類します。

⑥ テーピング工程
チップタイプLEDをキャリアテープの中に個々に挿入しカバーテープで封入します。
リール 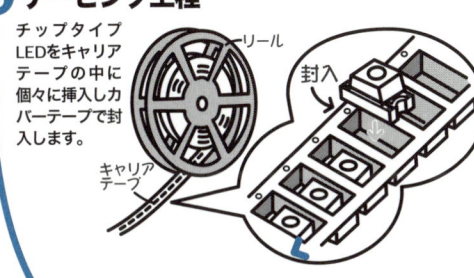
封入
キャリアテープ

⑦ ベーキング工程
電気炉で湿気を除去します。

⑧ 防湿包装
チップタイプLEDは湿気に弱いため、吸湿を防ぐ包装がされています。
アルミラミネート
乾燥剤が入っている

そして…**完成**
できあがり

資料提供：スタンレー電気株式会社

絵でみる発光ダイオード 4
砲弾型LEDのできるまで

丸いドームをかぶったような「砲弾型」とよばれるLEDランプの製造工程を説明します。

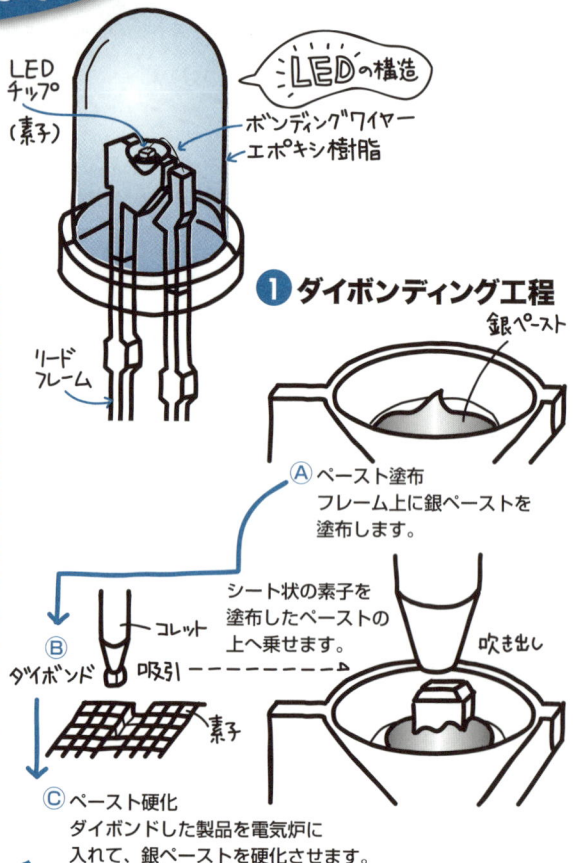

LEDの構造
- LEDチップ（素子）
- ボンディングワイヤー
- エポキシ樹脂
- リードフレーム

主な材料
- 連なったリードフレーム
- シート状の素子／シート
- ボンディングワイヤー
- 導電性接着剤（銀ペースト）

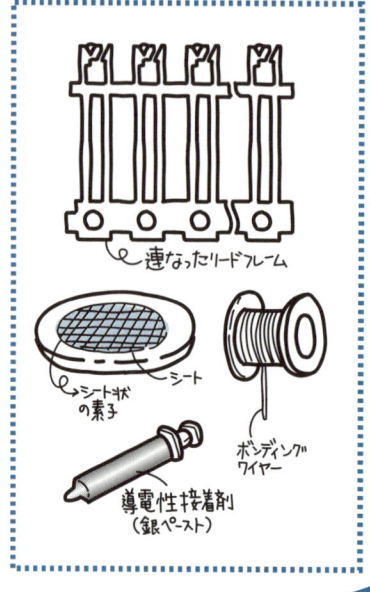

❶ ダイボンディング工程

Ⓐ ペースト塗布
フレーム上に銀ペーストを塗布します。
銀ペースト

Ⓑ ダイボンド
シート状の素子を塗布したペーストの上へ乗せます。
コレット／吸引／吹き出し／素子

Ⓒ ペースト硬化
ダイボンドした製品を電気炉に入れて、銀ペーストを硬化させます。

❷ ワイヤーボンディング工程

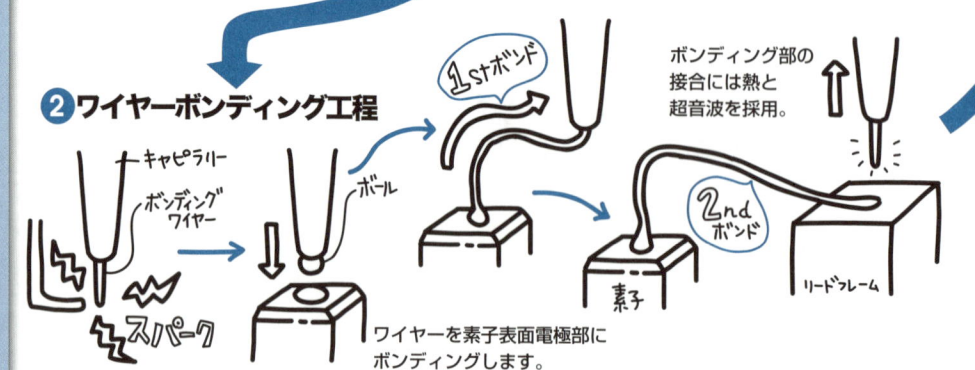

キャピラリー／ボンディングワイヤー／スパーク／ボール

1stボンド
ワイヤーを素子表面電極部にボンディングします。

2ndボンド
ボンディング部の接合には熱と超音波を採用。
素子／リードフレーム

❸ モールド工程

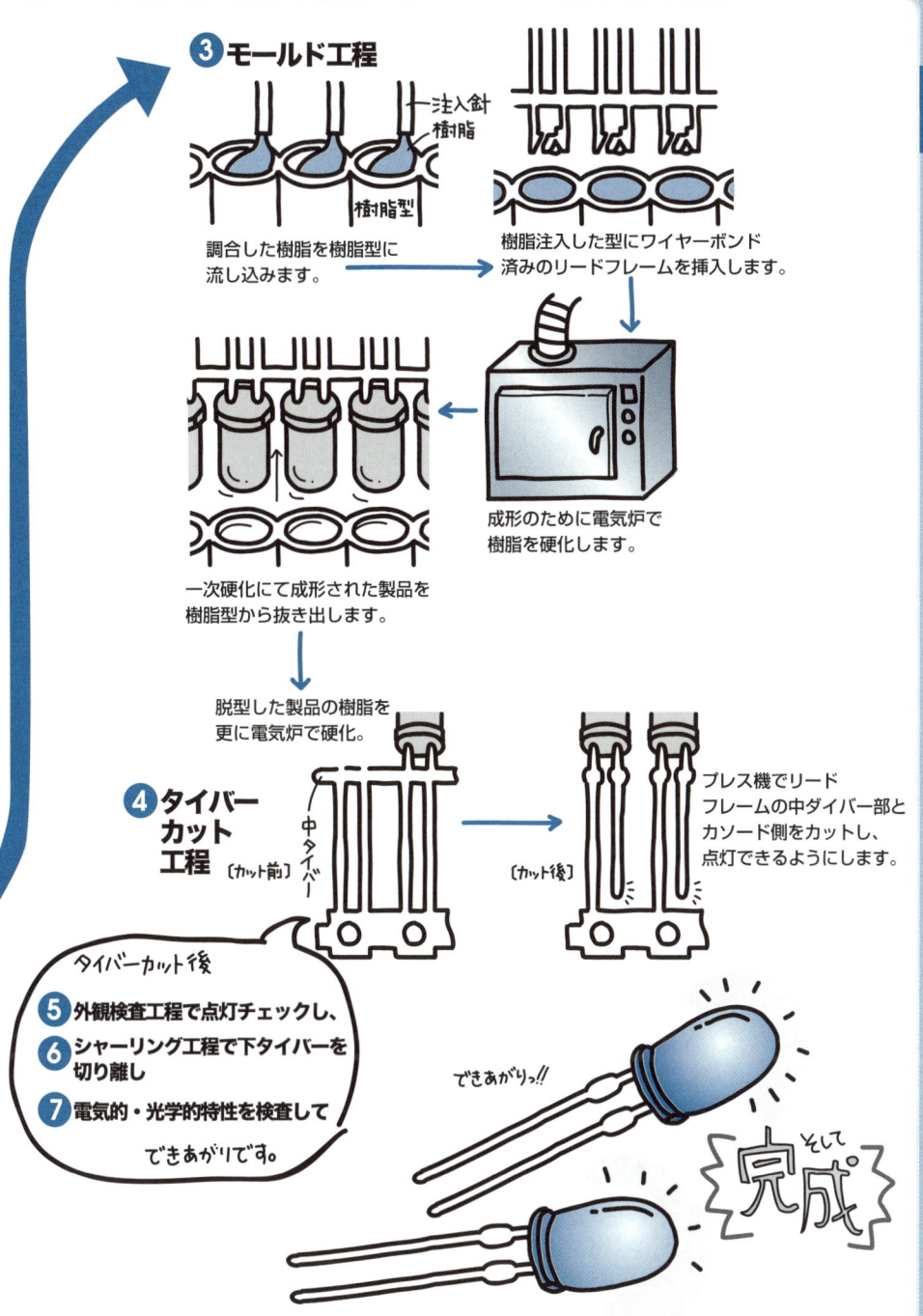

調合した樹脂を樹脂型に流し込みます。

樹脂注入した型にワイヤーボンド済みのリードフレームを挿入します。

成形のために電気炉で樹脂を硬化します。

一次硬化にて成形された製品を樹脂型から抜き出します。

脱型した製品の樹脂を更に電気炉で硬化。

❹ タイバーカット工程

〔カット前〕　〔カット後〕

中タイバー

プレス機でリードフレームの中ダイバー部とカソード側をカットし、点灯できるようにします。

タイバーカット後

❺ 外観検査工程で点灯チェックし、
❻ シャーリング工程で下タイバーを切り離し
❼ 電気的・光学的特性を検査して
できあがりです。

できあがりっ!!

そして完成

2・発光ダイオードの製造工程

資料提供：スタンレー電気株式会社

2-6 LED チップ工程

　ガリウムヒ素（GaAs）基板上にガリウムアルミニウムヒ素（GaAlAs）のp型層とn型層を液相成長（LPE）させたLEDウェーハを加工して、表面と裏面に電極を持つLEDチップを完成させるまでの製造工程を説明します。

①**基板除去**：ウェーハ裏面を研磨してGaAsの基板を取り除きます。
②**マスク**：n層表面の電極を形成しない部分へレジストを塗布してマスクをします。
③**蒸着**：結晶面に金を含む電極材料を真空蒸着します。
　n層表面：n層表面に金を含む電極材料を真空蒸着します。
　p層裏面：p層裏面に金を含む電極材料を真空蒸着します。
④**合金**：表裏面に蒸着した金属電極を300〜400℃の不活性ガス中で熱処理して結晶面に溶着させます。
⑤**リフトオフ**：工程②のレジストと工程③で蒸着した余分な金属を溶剤を使って取り除きます。
⑥**特性検査**：波長を測定して選別します。次に輝度を測定してランク分けの判定をします。
⑦**レジスト塗布**：工程⑧で表面の金属電極が剥離するのを防ぐためにレジストを表面に塗布し、裏面にはセラ板をワックスで貼り付けます。
⑧**ハーフダイシング**：高速回転しているダイヤモンドカッターで工程⑫でカットするときに使う溝を結晶の途中まで入れます。
⑨**メサエッチング**：工程⑧で発生した加工歪をエッチングして取り除き、台形（メサ）状をした鏡面に仕上げます。
⑩**レジスト除去、セラ板はがし**：工程⑦で塗布したレジストを溶剤で取り除き、ワックスを溶かして貼り付けたセラ板をはがします。
⑪**特性検査・判定**：波長や輝度を測定し、ランク別に区分けします。
⑫**スクライブブレーキング**：カットしてLEDチップ形状にします。
⑬**外観検査**：工程⑫でカットされたLEDチップの外観を検査します。
⑭**完了**：検査に合格するとLEDチップの完成です。

チップの作り方

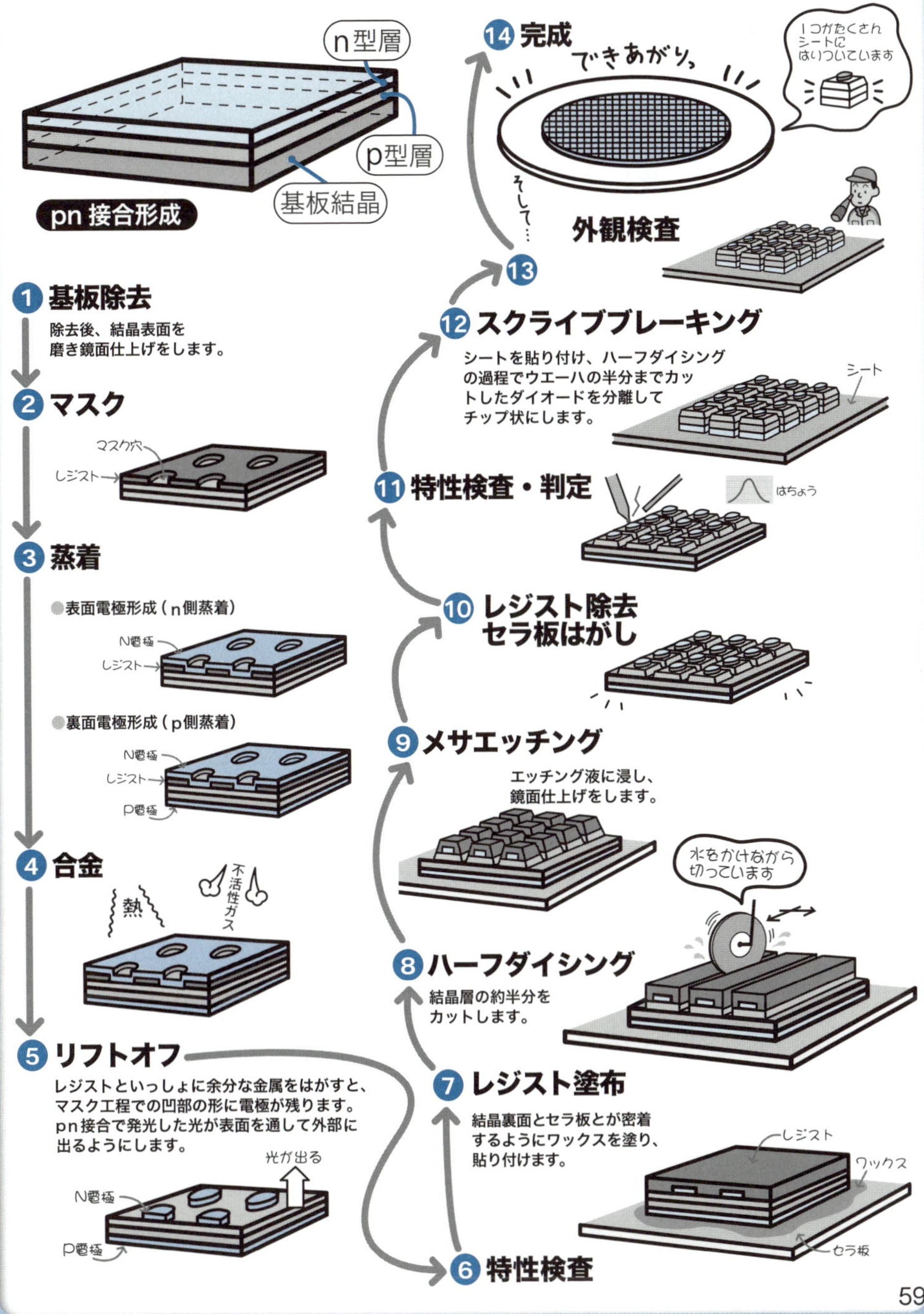

pn接合形成
- n型層
- p型層
- 基板結晶

① 基板除去
除去後、結晶表面を磨き鏡面仕上げをします。

② マスク
マスク穴／レジスト

③ 蒸着
- 表面電極形成（n側蒸着）
  N電極／レジスト
- 裏面電極形成（p側蒸着）
  N電極／レジスト／P電極

④ 合金
熱／不活性ガス

⑤ リフトオフ
レジストといっしょに余分な金属をはがすと、マスク工程での凹部の形に電極が残ります。pn接合で発光した光が表面を通して外部に出るようにします。
N電極／P電極／光が出る

⑥ 特性検査

⑦ レジスト塗布
結晶裏面とセラ板とが密着するようにワックスを塗り、貼り付けます。
レジスト／ワックス／セラ板

⑧ ハーフダイシング
結晶層の約半分をカットします。
水をかけながら切っています

⑨ メサエッチング
エッチング液に浸し、鏡面仕上げをします。

⑩ レジスト除去 セラ板はがし

⑪ 特性検査・判定
はちょう

⑫ スクライブブレーキング
シートを貼り付け、ハーフダイシングの過程でウエーハの半分までカットしたダイオードを分離してチップ状にします。
シート

⑬ 外観検査

⑭ 完成
できあがり
1つがたくさんシートにはりついています

2・発光ダイオードの製造工程

資料提供：スタンレー電気株式会社

❗ LED を電池で点灯させてみましょう

LED を点灯させるためには適度な電流値があり、流しすぎると寿命を縮めてしまいます。適度な電流を LED に流すために直列に入れる抵抗の求め方を説明します。

● LED の電流特性と電流制限抵抗

LED のアノード A を電源の＋極側に、カソード K を－極側に接続します。このとき、順方向電流 I_f が最大定格電流より流れすぎると LED は破壊してしまいますので電流が流れすぎないように制限する抵抗 R を直列に挿入します。順方向電流特性は、図 2-A に示す例のように LED の発光色により異なっています。

図 2-A　発光色による LED の電流特性例

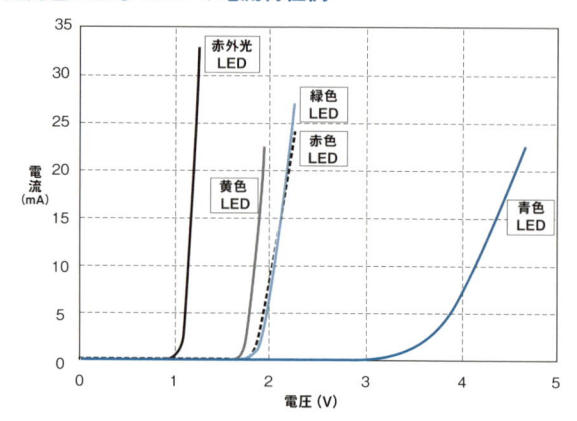

● 赤色 LED の電流制限抵抗の求め方

電源電圧 E=6V、順方向電流 I_f =20mA とすると、赤色 LED の順方向電圧 V_f は 2.2V と読み取れます。そこで電流制限抵抗 R の両端の電圧 V_R は、6 － 2.2 = 3.8(V) となります。このとき電流制限抵抗 R の値は、オームの法則より、R=V_R／I_f = 3.8／20 × 10⁻³ = 0.19 × 10³ = 190(Ω) と求まります。

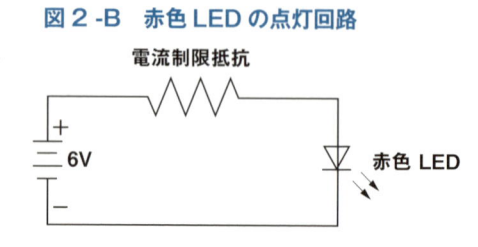

図 2 -B　赤色 LED の点灯回路

第3章

可視光発光ダイオード
(LED)

身の回りで一番使われているのが可視光線を発光する
可視光発光ダイオード (LED) です。
赤から紫までの可視光線の波長に対応した多くのLEDが製品化されています。
このような可視光LEDについて
幅広い応用分野を含めて説明します。

3-1 可視光線

　可視光線とは、人間の目で見ることのできる波長領域のことで、個人差はありますが360nm～830nmの間の波長の光線を指します。図3-1-1にみるように、波長の短いほうは紫外線に、長いほうは赤外線に隣接しています。
　一般的にLEDとよぶときは可視光線の中にある色を発光するダイオードを指すことが多いようです。

図3-1-1 可視光線の色と波長

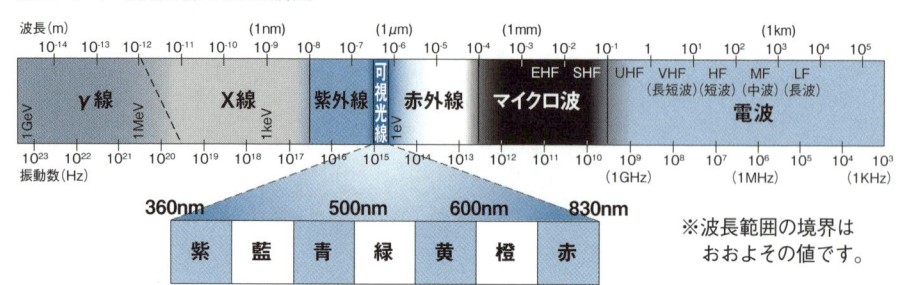

●可視光LEDの材料と発光波長

　可視光LEDでは、発光しやすい特徴を持っている化合物半導体が使われます。特に、紫から青まではGaNが、緑から赤まではGaPやGaAsPがよく使われています。
　発光波長λとエネルギーギャップE_gの間には第1章で説明したとおり、$E_g=1240/\lambda$ [eV]の関係があります。そこで波長が短くなるとエネルギーギャップE_gが大きい化合物半導体材料が求められることになります。
　また、複数の元素からなる混晶では元素の混合比を変えることによりピーク波長を調整することができます。
　可視光LEDについて波長を横軸に、発光効率を縦軸にとり、各半導体材料の取りうる領域を図3-1-2に示します。

図 3-1-2　LED の半導体材料の発光波長範囲と発光効率

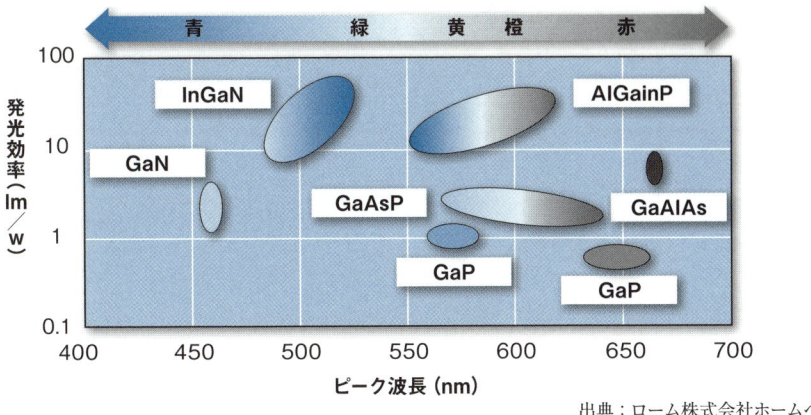

出典：ローム株式会社ホームページ

また、参考までに表 3-1-1 に LED の半導体材料と接合構造の関係を示します。

表 3-1-1　化合物半導体の材料と接合構造

色	材料	ピーク波長	接合構造
青	InGaN	450	量子井戸構造
	ZnCdSe	489	ダブルヘテロ接合
緑	ZnTeSe	512	ダブルヘテロ接合
	GaP	555	ホモ接合
黄	AGaInP	570	ダブルヘテロ接合
	InGaN	590	量子井戸構造
赤	AlGaAs	660	ダブルヘテロ接合
	GaP(Zn-O)	700	ホモ接合
赤外	GaAs(Si)	980	ホモ接合
	InGaAsP	1300	量子井戸構造

3-2 可視光LEDの構造と発光動作

　LED動作層の構造には、ホモ接合、ダブルヘテロ接合、量子井戸構造があり、後者ほど発光効率が高くなります。各接合構造について説明します。

●ホモ接合（GaAs,GaP等）

　Ⅲ－Ⅴ族化合物半導体であるガリウムヒ素（GaAs）やガリウム燐（GaP）のLEDは、同じ材料のp型とn型よりなる、構造が簡単なホモ接合をしています。

図3-2-1　ホモ接合構造

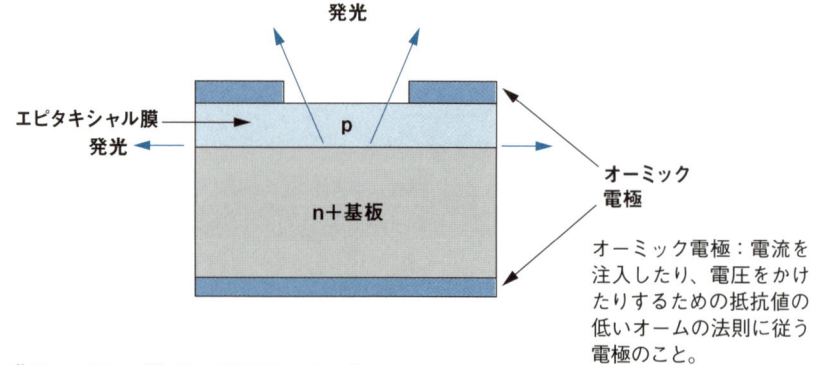

オーミック電極：電流を注入したり、電圧をかけたりするための抵抗値の低いオームの法則に従う電極のこと。

●ダブルヘテロ接合（AlGaAs）

　AlGaAs LEDでは、アルミニウムガリウムヒ素（AlGaAs）クラッド層に挟まれたGaAs活性層は、p層の接合面とn層の接合面で材料の異なる（ヘテロ）接合構造をとることになりますのでダブルヘテロ構造とよばれます。ダブルヘテロ間の活性層には電子と正孔が閉じ込められるので電子と正孔の濃度が高まり、活発な遷移が行われ、高効率な発光を行うことができます。各層は、MOVPE法により、エピタキシャル成長させて作っていきます。

図 3-2-2　ダブルヘテロ接合

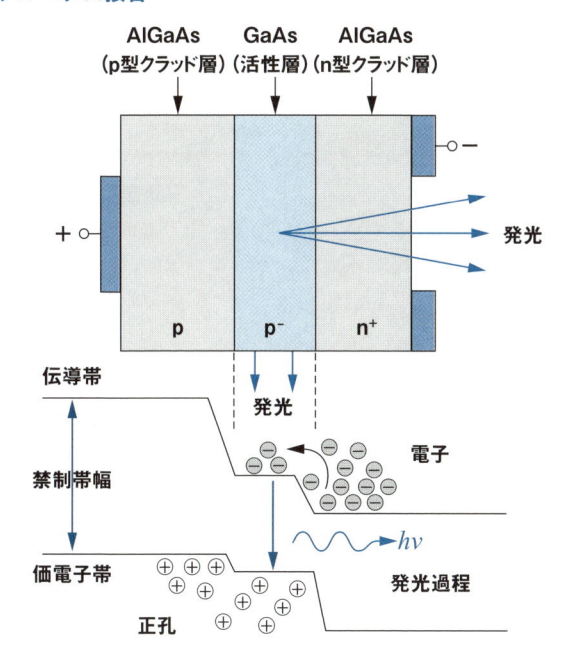

●量子井戸構造（GaN）

　GaN LED は、InGaN を井戸層とする MQW（量子井戸）構造をとっています（図 3-2-3）。障壁層と量子井戸層で構成される原子サイズオーダー（数 nm）の超薄膜多層構造です。量子井戸層に電子と正孔を閉じ込めることにより、高効率な発光が可能となります。この発光層は不純物を含まず、バンド間で発光をさせるため、色純度の高い鮮やかな原色発光を実現できます。発光波長は、主に井戸層の In 組成比によって決まります。In 組成比を調整することで、緑、青、さらには近紫外領域の発光が可能となります。各層は、MOVPE 法により、エピタキシャル成長させて作っていきます。

図 3-2-3　量子井戸構造

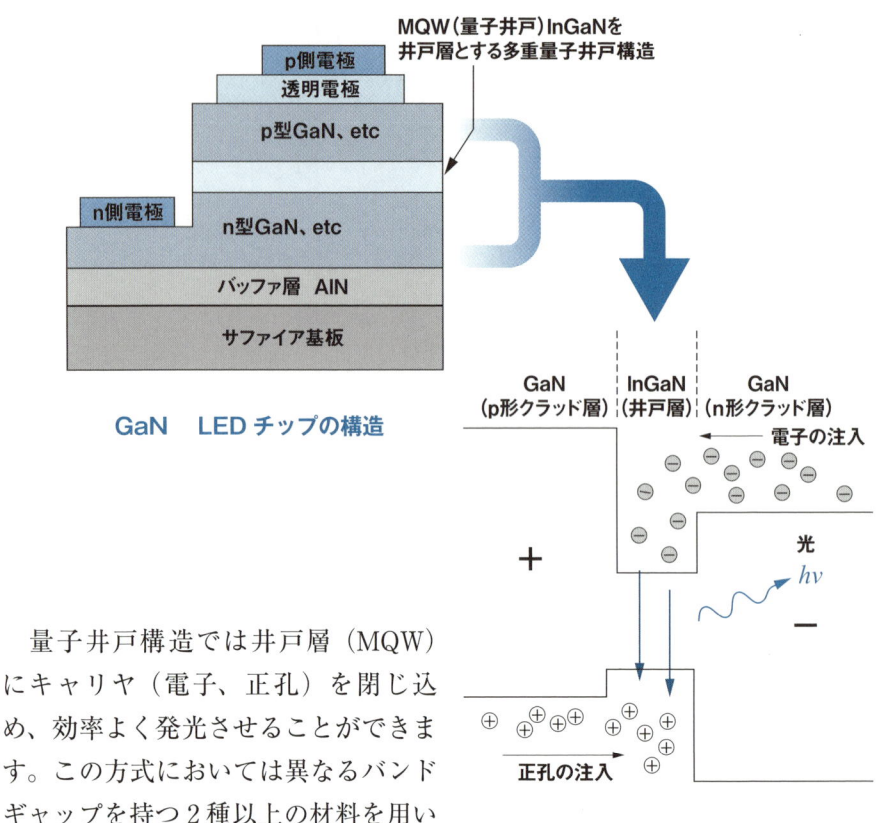

GaN　LED チップの構造

（図中ラベル）
- p側電極
- 透明電極
- p型GaN、etc
- n側電極
- n型GaN、etc
- バッファ層　AlN
- サファイア基板
- MQW（量子井戸）InGaNを井戸層とする多重量子井戸構造
- GaN（p形クラッド層）
- InGaN（井戸層）
- GaN（n形クラッド層）
- 電子の注入
- 正孔の注入
- 光 $h\nu$

出典：しおかぜ技研ホームページ

　量子井戸構造では井戸層（MQW）にキャリヤ（電子、正孔）を閉じ込め、効率よく発光させることができます。この方式においては異なるバンドギャップを持つ2種以上の材料を用いて、バンドギャップの小さい材料の薄膜（nmオーダー）を、大きい材料の薄膜で挟みこんで層を作ります。この構造にすると電子やホールをバンドギャップの小さい材料の層に閉じ込めることができます。この層を（量子）井戸層とよびます。電子やホールに対して壁の役割をするバンドギャップの大きい材料の層をバリア層とよびます。

　量子井戸構造の特徴は階段状の電子状態密度と、サブバンドとよばれる離散化されたエネルギー準位にあります。量子井戸に閉じ込められた電子は、層に垂直な方向の自由度が減少して二次元性が現れ、その状態密度は階段状に狭まります。量子井戸構造をした発光ダイオードやレーザダイオードは、この階段状をした状態密度のために、ホモ接合やダブルヘテロ接合より効率のよい発光特性になります。

●可視光 LED の発光スペクトル分布

可視光 LED の発光強度を示すスペクトルの分布の幅を相対発光強度 0.5 で比較すると赤色 LED では 645〜675nm、青色 LED では 450〜480nm と、幅が 30nm 前後になっています。白色 LED は、ピーク波長が青色 LED とほぼ同じ 420nm 付近にあり、相対発光強度 0.5 は 450〜470nm で、500nm まではほぼ同じ形のスペクトルをしています。500nm から長波長側は、560nm のピークからなだらかに下っていく蛍光灯と似たスペクトルカーブをしています。これらの点からこの白色 LED は、青色 LED で励起された蛍光体からの発光と青色 LED の発光を加算混合した 70 ページに説明する発色方式 3 であることがわかります。

蛍光灯の発光スペクトルの一例を紹介します。相対発光強度 0.5 は 530〜625nm にあり、幅が 95nm 前後と可視光 LED に比べて 3 倍以上の幅があります。この結果から可視光 LED は、蛍光灯に比べピーク波長付近にパワーが集中している単色発光であることがわかります。

図 3-2-4 可視光 LED の発光スペクトル

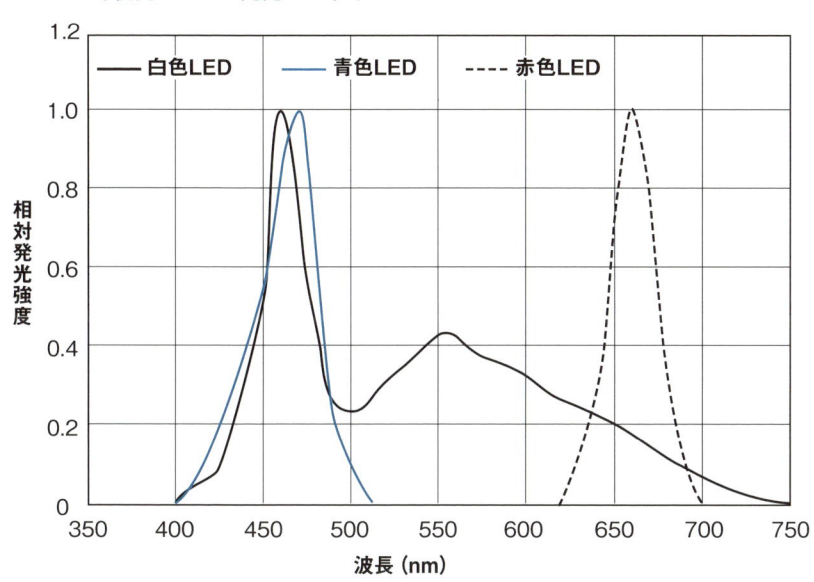

3-3 LED 照明と白色 LED

● LED 照明の特長

　発光ダイオードは白熱電球に比べ5〜10倍もエネルギー効率がよいので省電力になります。放熱も少なくなりますので冷房電力が少なくなるなどグリーンな特長もあわせ持っています。寿命は、白熱電球の数十倍、蛍光灯よりも数倍長いので交換の手間も大幅に減ります。蛍光灯のように有害な水銀を含まず、ガラスを使用しないので割れて飛び散ることもなくなり、地震災害発生時にも安全です。器具としての材質の選択範囲が広がり、防水、防塵構造を取りやすくなり、放電動作もありませんので悪環境下でも使用できるようになります。

　蛍光体と組み合わせるタイプの白色 LED では、新しい蛍光体の研究開発が進み、自然光下と同様の色再現ができる度合を示す演色性がさらに向上す

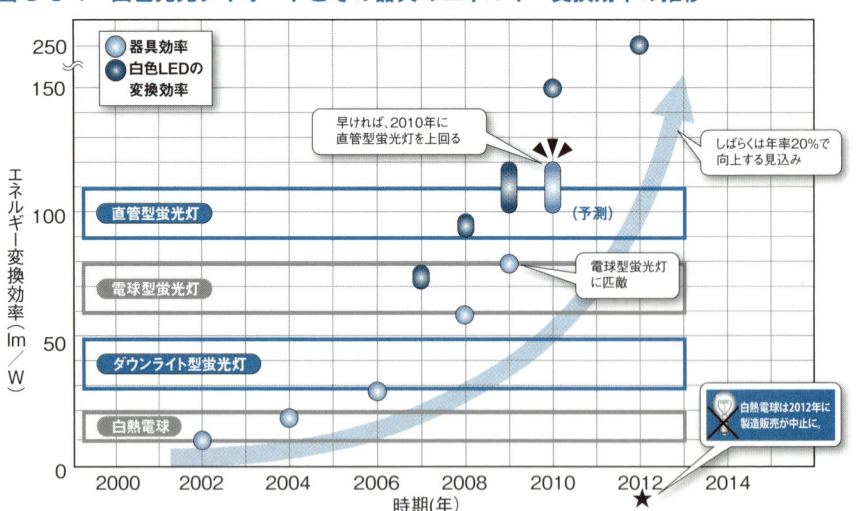

図 3-3-1　白色発光ダイオードとその器具のエネルギー変換効率の推移

出典：『EETIMES JAPAN －全てを包む LED 照明　第1部　市場動向、効率向上で全ての光源は白色 LED へ』

(2009.4.1)

る見込みです。いままでの灯具にそのまま装着できるように従来の電球や蛍光灯の口金を採用した製品が各社から続々と登場してきています。

2007年に地球温暖化防止、環境保護の観点から2012年末までに白熱電球の生産と販売を中止するように経済産業大臣から各社に要請がでています。これを受けて生産中止を繰り上げて実施する会社がこのところ増えています。

このような背景とLED照明器具の選択の範囲が広がり、値頃感もでてきましたので普及にはずみがかかっていきそうです。

図3-3-1に白色LEDと白色LEDを使った照明器具のエネルギー変換効率の推移と今後の動向を示します。

●白色LEDの発色方式

演色性がよく、発光効率のよい照明光源が求められてきました。この市場の要求を満たすのが白色発光ダイオードです。現在、白色発光ダイオードには三つの方式があり、各々異なる特長を持っています。

以下に各方式の説明と各方式のLEDの断面構造およびその発光スペクトル例を示します。

・発色方式1

光の三原色、赤色、緑色、青色のLEDから発光される光をブレンドします。発光ダイオードの放射エネルギーのスペクトルは鋭いので、ブレンドすると放射エネルギーの弱い波長領域ができてしまいがちになります。この方式の光は、物の色が不自然に見えることがあり、演色性に難点があるので一般の照明にはあまり使われていません。しかし、発光スペクトルが鋭く、高輝度になる点を利用して屋外の大型映像パネルなどには使われています。

図3-3-2 白色LEDの発色方式1と発光スペクトル例

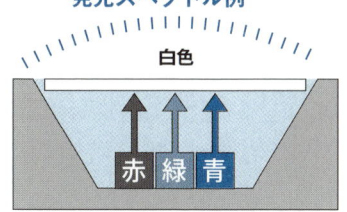

赤色LED+緑色LED+青色LED

上図 資料提供：東芝ライテック株式会社

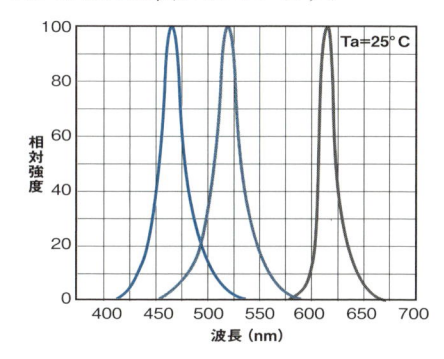

・発色方式2

　近紫外光LEDもしくは紫色LEDからの光でLEDチップの上に配置された赤、緑、青の蛍光体を励起します。蛍光体から発光した光はブレンドされて白色を発光します。演色性のよい白色が得られますがいまのところ発光効率では他の方式に劣っています。現在、近紫外光LEDの発光効率の向上や演色性を向上させる蛍光体の研究開発が進められており、将来性を有望視されている方式です。

図3-3-3　白色LEDの発色方式2と発光スペクトル例

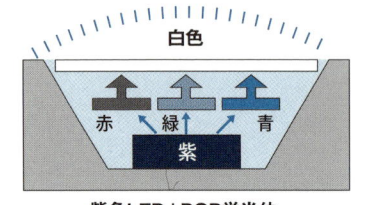

紫色LED+RGB蛍光体

上図 資料提供：東芝ライテック株式会社

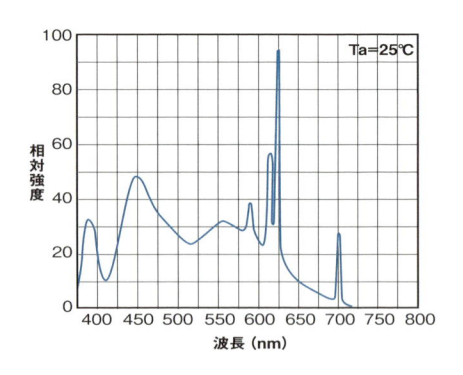

・発色方式3

　青色LEDの発光で黄色の蛍光体を励起し黄光を発光します。黄光は、赤光と緑光をブレンドするとできるので青色LEDの青光と蛍光体からの黄光をブレンドした光は、R、G、Bがブレンドされることになり白色になります。発光効率では一番よい方式のため現在最も多く使われている方式ですが赤や青緑の成分が不足がちになり、演色性では他の方式に劣ります。

図3-3-4　白色LEDの発色方式3と発光スペクトル例

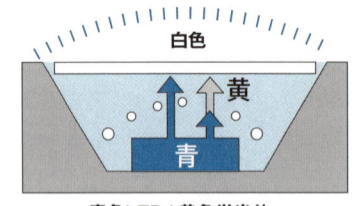

青色LED+黄色蛍光体

上図 資料提供：東芝ライテック株式会社

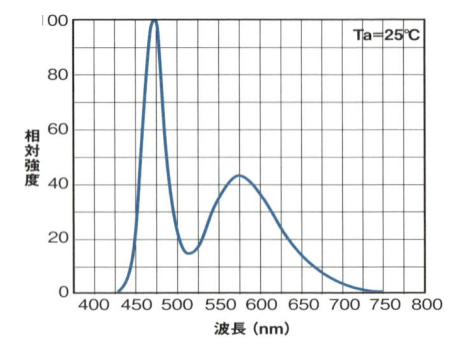

●白色 LED と演色性

　白色 LED は、主に照明に使われます。方式により発光スペクトルに違いがありますのでどの方式の白色 LED を使うかによって照明対象の色の見え方に相違がでてきてしまいます。また、照明する光源に何を使うかによっても見える色は違ってきてしまいます。たとえばトンネル内部の照明によく使われている低圧ナトリウムランプの下では物は識別できても色はほとんど識別できなくなってしまいます。このような照明の性質を演色性といいます。

　照明による演色性を客観的に数値化する方式のひとつである JIS（日本工業規格）に決められている演色評価数（JIS Z 8276）について説明します。

・演色評価数（JIS Z 8276）

　演色評価数は、JIS に決められている基準光と対象となる照明の光（試料光）で評価用の色票を照明した場合の色のずれを基準光で照明したときを 100 として数値化したものです。ずれが大きくなるほど小さい数値になります。

　JIS に決められている演色評価数には平均演色評価数（Ra）と特殊演色評価数（R9 〜 R15）があります。

　演色評価数は、基準光との見え方のずれを示した数値であり、好ましく見えるかどうかとは関係なく、演色評価数は低いのに好ましい色に見える場合もあります。

〔平均演色評価数（Ra）〕

　平均演色評価数（Ra）は、基準光 R1 〜 R8 の演色評価数値を平均した値です。

〔特殊演色評価数（R9 〜 R15）〕

　特殊演色評価数とは、特殊演色評価用（R9 〜 R15）の基準光は、赤・黄・緑・青・西洋人の肌色・木の葉の色・日本人の肌色と現実的な物を色票として対象を評価します。数値は、個々の試験色（R9 〜 R15）ごとに表示します。

絵でみる発光ダイオード 5
白色発光のしくみ

ここでは青色LEDを白色に光らせる方法・原理を説明します。

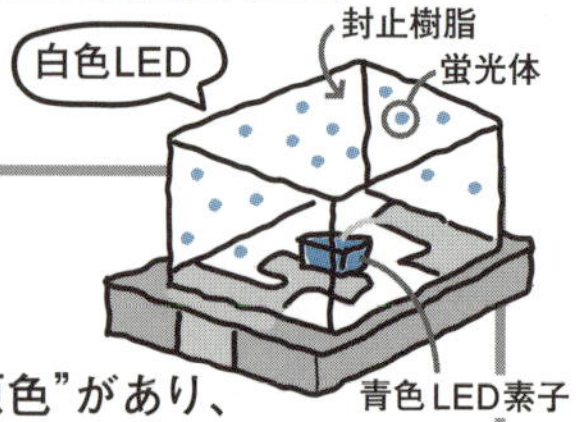

白色LED
封止樹脂
蛍光体
青色LED素子

はじめに

光が白く見えるのはどうして?

[光の色と波長の関係]

光には赤・青・緑の"光の三原色"があり、ほとんど全ての色は、この3つの光を組み合わせることで再現できます。光の三原色をあわせると"白色の光"になります。

光は電磁波

●可視光

光は電磁波の一種で、人間の目に感じる波長の電磁波を"可視光"といいます。波長の長さ、エネルギーの高低によって光の色が変わります。

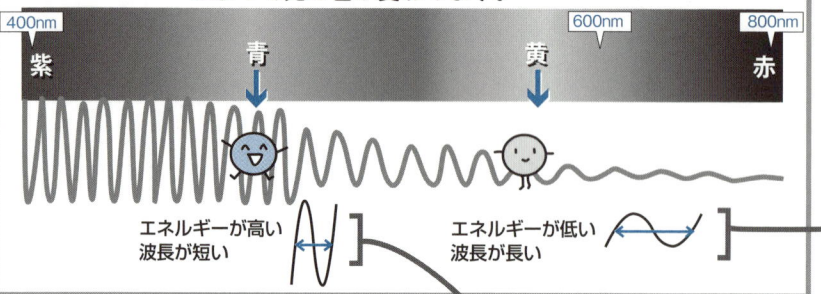

400nm　　　　　　　　　　　600nm　　　　　800nm
紫　　　　青　　　　　　　　黄　　　　　　赤

エネルギーが高い　　エネルギーが低い
波長が短い　　　　　波長が長い

1.
Zoom in
白色LEDの封止樹脂の中には…
白色LED

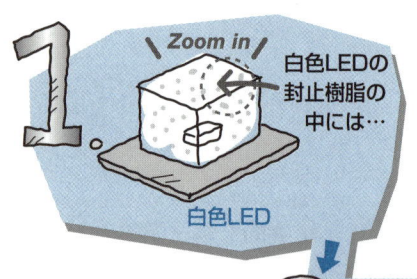

2.
「蛍光体」という直径およそ10ミクロンの粒が入っています。
蛍光体
10ミクロン

3.
蛍光体には「発光中心」とよばれる元素が入っています。
さらに Zoom in
発光中心

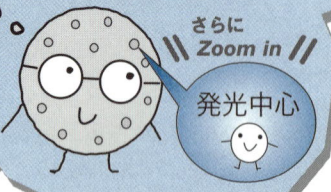

白色LED

2つの光(波長)を バランスよくコントロール!!

封止樹脂

黄色の光に変換

蛍光体

青色の光を吸収

黄色と青色の2つの波長で白く光るんだよ

LED素子

4.
ここで使用される「発光中心」は、「青色の波長(高いエネルギー)を吸収して黄色の波長(低いエネルギー)を出す」という特徴があるため…

黄色の波長 ←出す　吸収　発光中心　青色の波長 ←吸収　LED素子

5.
電圧を加えるとLED素子から出る青色の波長を蛍光体が吸収して黄色の波長を出します。

6.
そして、蛍光体に吸収されずにそのまま透過した青色の波長と黄色の波長が「光の三原色」の組みあわせによって、白色に発光します。

赤 黄 白 青 緑

青色と黄色で白く光る

3・可視光発光ダイオード(LED)

資料提供:スタンレー電気株式会社

3-4 照明用 LED の放熱設計

　LED を使う照明器具への LED の実装や駆動回路などの設計においては、発熱部分に対する放熱経路の確保に対する配慮が LED 素子を含めて照明器具の寿命を決めてしまう大きなポイントになります。

　最近の照明器具では、大きなチップサイズの LED チップを使ったり、ひとつのパッケージに多数のチップを実装した消費電力が数 100 ミリ W から数 10W のパワー LED を採用することが多くなっています。このようなパワー LED では、発熱箇所が狭い面積に集中しますので放熱経路の熱抵抗を低くして放熱をよくしてやる必要があります。LED は白熱ランプなどと比べ高効率ですが、投入した電力のすべてが光になるわけではありません。パワー LED では、投入した電力のすべてが熱となる発熱体として設計した方が安全なくらいです。

　パワー LED には放熱効率のよい熱抵抗の低いパッケージが採用されていますが、パッケージからさらに基板やヒートシンクなどへ熱抵抗の低い放熱路を確保した設計が求められます。また組み立てが悪いと熱抵抗が高まってしまうことがありますので組み立ての管理と検査が必要になります。照明器具では光路を確保することが最優先になりますのでパッケージ上部にヒートシンクなどの放熱部材を配置することができません。この点が一般のパワー半導体と異なり、パワー LED の放熱設計の難しいところです。

　以上の伝熱経路を熱抵抗で示すと図 3-4-1 のようになります。

図 3-4-1　電熱経路の熱抵抗

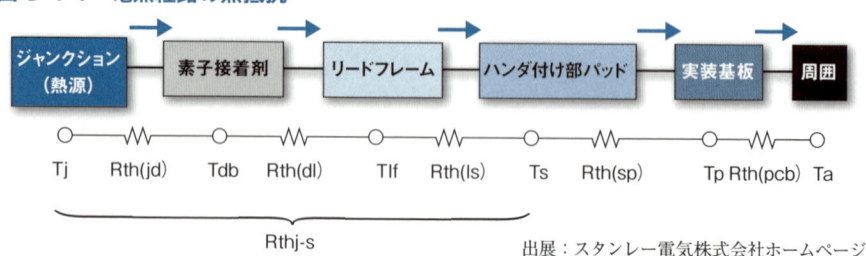

ジャンクション（熱源） → 素子接着剤 → リードフレーム → ハンダ付け部パッド → 実装基板 → 周囲

T_j　$R_{th(jd)}$　T_{db}　$R_{th(dl)}$　T_{lf}　$R_{th(ls)}$　T_s　$R_{th(sp)}$　T_p　$R_{th(pcb)}$　T_a

R_{thj-s}

出展：スタンレー電気株式会社ホームページ

LEDチップの接合面で発熱した熱は、チップとダイボンディング接着剤の熱抵抗Rth（jd）を通り、接着剤とリードフレーム間の熱抵抗Rth（dl）を通り、リードフレームとハンダ付け部パッド間の熱抵抗Rth（ls）を通り、パッドと実装基板間の熱抵抗Rth（sp）を通り、実装基板と周囲の熱抵抗Rth（sp）を通って空間へ放熱されます。

図3-4-2　パワーLEDの例とアルミ放熱板への実装例（下）

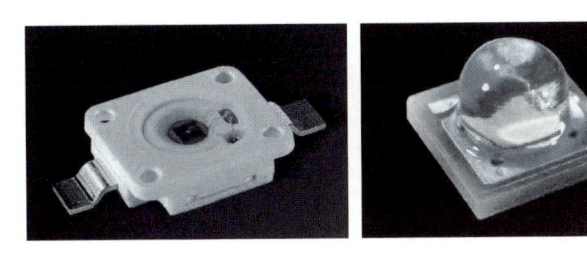

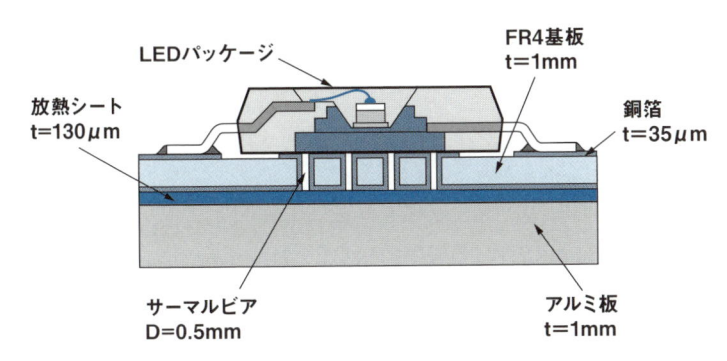

資料提供：オスラム株式会社オプトセミコンダクターズ

　上のふたつは高放熱パッケージの例（いずれもOSRAM）。下は、実装例です。パッケージ直下に放熱用の熱伝導のよいサーマルビアを多数貫通させ、放熱シートを介して基板ウラに取り付けたアルミ板から放熱させています。LEDの駆動は、熱暴走を起さないように定電流駆動が原則になります。LEDは接合面の温度が上がると順方向電圧（V_f）が下がる方向に特性が変化します。定電圧駆動をしていると順方向電流（I_f）が増え、I_fが増えると接合面温度がさらに上昇してV_fがまた下がるという循環の熱暴走（サーマ

ルランナウェイ）が起きてしまいます。熱暴走に入るとLEDは劣化から破壊へ向かい、メーカーが定めている接合面温度を越えると破壊してしまいます。

　定電流駆動法には、直列抵抗、シリーズレギュレータ、スイッチングレギュレータの３つがあります。直列抵抗とシリーズレギュレータの２者ではLEDの駆動電流×駆動部の電圧降下の値が電力損失となって発熱しますのでハイパワーで電圧降下が大きくなる場合の駆動には適しません。

　LEDは一般のシリコンダイオードに比べ順方向の立ち上がり電圧が高いので多くの電力が消費されます。LEDでは、動作点における電力（＝電圧×電流）が消費され、その一部が光として、残りが熱として放出されます。放熱設計に当たっては、動作点の電力のすべてが熱になるものとして設計するのが安全です。

❗ 放熱設計の基礎用語

　回路設計が表舞台なら放熱設計は舞台裏を支える裏方です。放熱設０計が製品の寿命や信頼性の鍵を握っています。

●サーマルビア

　一般的にビアホールは層間の配線に使われていますが層間を通して熱を伝えるために設けられたビアをサーマルビアとよんでいます。最近のパワーエレクトロニクスでは放熱のための銅板層を内層に設け、サーマルビアで結合している基板もあります。

●接合面温度

　半導体チップが発熱した熱はケースやリードフレームを介して外部に伝熱されます。したがって半導体チップは発熱源ですからケース温度より必ずかなり高くなっています。

●熱抵抗

　伝熱する各部分の熱の伝えにくさを熱抵抗で表現すると伝熱路は直列の熱抵抗回路で考えることができるようになります。接続部分には、必ず接触面に熱抵抗が発生します。放熱シートを挟む、放熱グリースを塗るなどの対策をして接触面の熱抵抗を低くしてやる必要があります。

●放熱設計、放熱対策のポイント

　LEDの発熱が放熱経路となる基板やヒートシンクへ伝わるように熱抵抗を小さくする材料を介して取り付けること、熱抵抗が変化しないように組み立てることです。放熱設計、放熱対策のポイントを以下に示します。

① **アルミ基板のような熱伝導のよい金属基板を使用する**
　エポキシ基板は安価ですが、熱伝導はよくありません。また、面積を大きくすることも効果があります。
② **基板のレジストはなるべく薄くする**
　絶縁体は一般的に熱伝導率が悪いのでレジストを薄くするなどの手段が有効です。
③ **基板のハンダ付けパターンを大きくする**
④ **ヒートシンクを用いる**
　ヒートシンクは熱伝導のよいアルミなどを使用し、表面積を大きくし、ヒートシンクと基板の接着には熱伝導のよい材料を使用する。
⑤ **LEDを狭い空間に密閉せず、他のLEDや発熱する部品と距離をおく**

　図3-4-4の右の下地導電パターンは、左のパターンに比べ広くなり、放熱抵抗が小さくなっています。また、下地導電パターン自身も放熱に寄与しています。

図3-4-4　下地導電のパターン

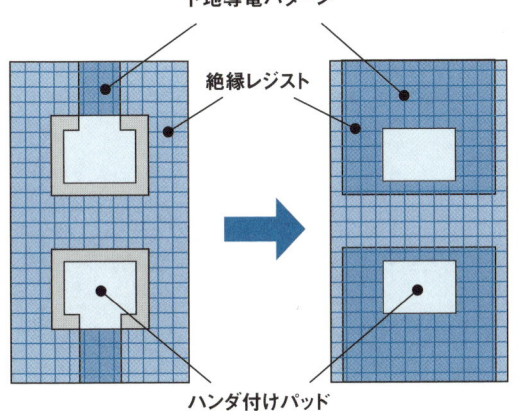

出典：スタンレー電気株式会社「LEDの放熱設計」より

絵でみる発光ダイオード 6
パワーLEDの信頼性向上

照明やヘッドランプのように
たくさんの電流を必要とするLEDを
パワーLEDとよびます。

白色パワーLED

電気をたくさん流す

暑いよー

樹脂が溶ける〜

接着剤がはがれた！

数年前に比べ、LEDの明るさは1.5〜2倍になりました。その分大量の電流を流すことになるので熱によってLEDの劣化が早くなります。LEDメーカーでは、劣化防止、効率向上のためのさまざまな工夫が行われています。

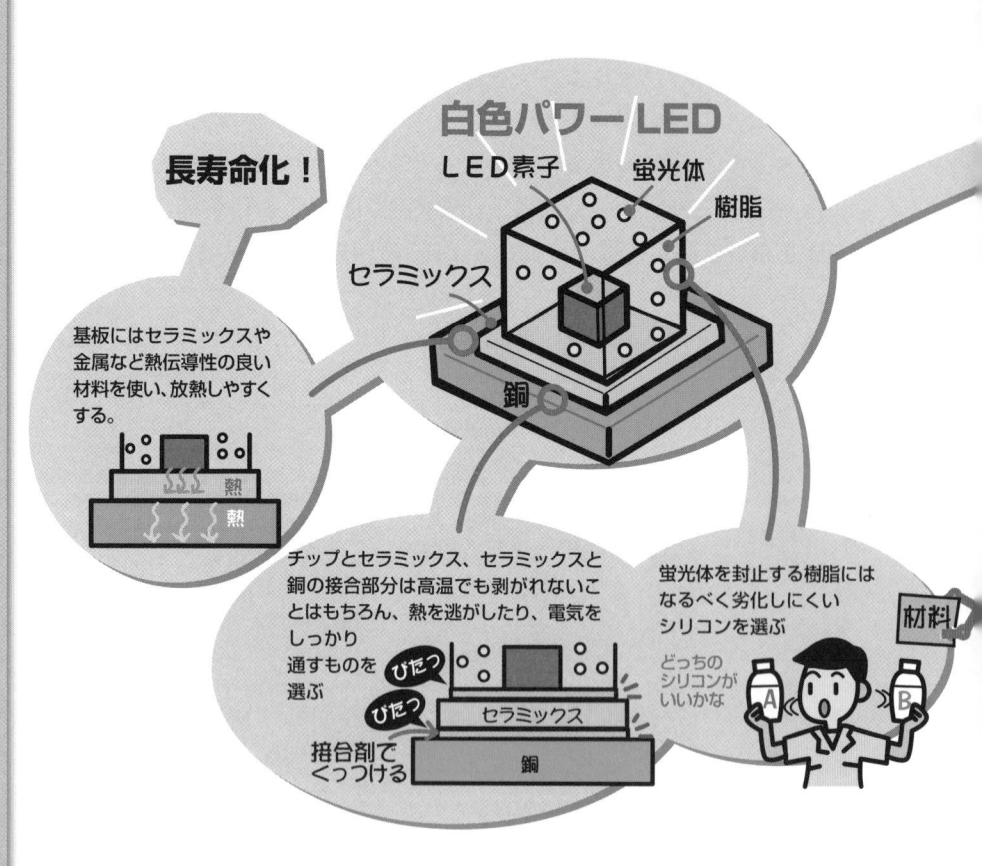

長寿命化！

白色パワーLED

LED素子　蛍光体　樹脂　セラミックス　銅

基板にはセラミックスや金属など熱伝導性の良い材料を使い、放熱しやすくする。

熱

チップとセラミックス、セラミックスと銅の接合部分は高温でも剥がれないことはもちろん、熱を逃がしたり、電気をしっかり通すものを選ぶ

ぴたっ
ぴたっ

セラミックス
接合剤でくっつける
銅

蛍光体を封止する樹脂にはなるべく劣化しにくいシリコンを選ぶ

材料

どっちのシリコンがいいかな

A　B

3・可視光発光ダイオード（LED）

ユーザ
こんな条件で使いたい！
明るさ／温度／衝撃／環境

正確な寿命予測
様々なデータを元にお客様の使用環境に合わせて寿命を割り出します

加速実験
LEDに求められる寿命は4万時間（約5年）！
5年かけて試験をしていては市場に出すのが遅くなります。そこで条件を厳しくし、5年と同じ結果が得られるようにします。

通常の環境は60℃だけど70℃で試験すれば2倍の負荷がかかるね。

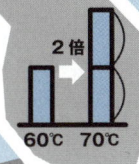

2倍　60℃ → 70℃

どのくらいの付加をかけるか正確な見積りが重要！

明るさを向上させるために
エポキシなどの有機材料は熱に弱いため、無機材料だけを使うオール無機LEDも登場しています。

ガラスのフタをかぶせるだけ！
オール無機LED

こんなLEDを、待っていたんだー！
信頼評価

79

資料提供：スタンレー電気株式会社

3-5 可視光LEDの応用①
表示用途

　高輝度な可視光LEDを使った表示器は、太陽光の下でも夜間でも確認できるので広範囲な用途に使われています。ここではそのほんの一部の表示器を紹介します。

●7セグメントLED表示器

　aからgの7つのLEDセグメントを組み合わせて数字を表示する表示器です。ほとんどの製品にドットポイント（D.P）も入っています。各セグメントは遮光分離されており、セグメント内にはLEDが埋め込まれています。
　アノード（A）が共通に接続されているアノードコモンタイプとカソード（K）が共通に接続されているカソードコモンタイプの製品がありますので、駆動回路の方式により選ぶことができます。主に時計、受付番号など数字を表示する装置に使われています。多桁をひとつのモジュールに収納している表示器もあります。

図 3-5-1
7セグメントLED表示器

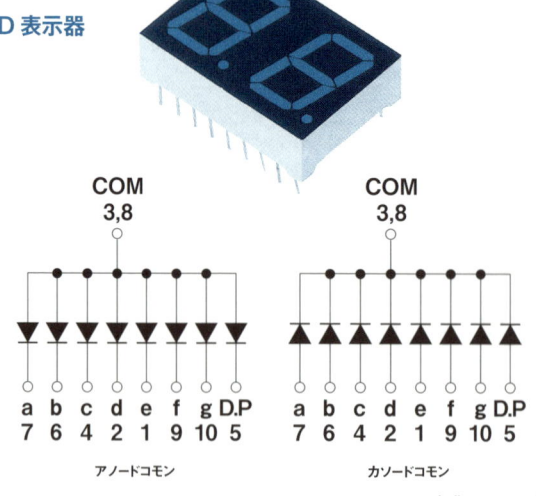

出典：ローム株式会社ホームページ

● LED マトリックス表示器

縦、横マトリックス状に複数の LED を配列し、モジュールにまとめてある表示器です。1 個のドット内に赤、黄、緑など複数の LED を収納していて、多色表示が可能になっている製品もあります。列に配列された LED のアノード（A）を共通に接続しているアノードコモンタイプとカソード（K）を共通に接続しているカソードコモンタイプがあります。

図 3-5-2 LED ドットマトリックス表示器

図 3-5-3　5×7 ドットマトリクスの内部構造

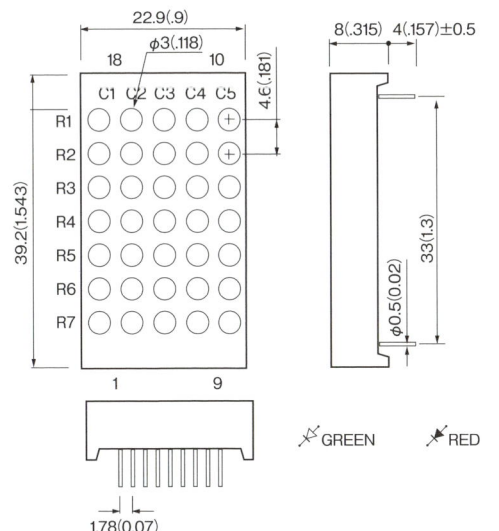

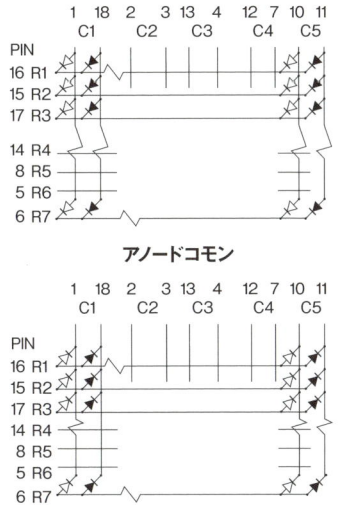

列車内の行き先案内、ニュース等の表示装置、ホームの行き先や発車時刻を示す発車標などはこの LED ドットマトリックス表示器を多数組み合わせて構成されています。図 3-5-4 はマルチカラー LED 発車標の例です。

図 3-5-4 マルチカラー LED 発車標

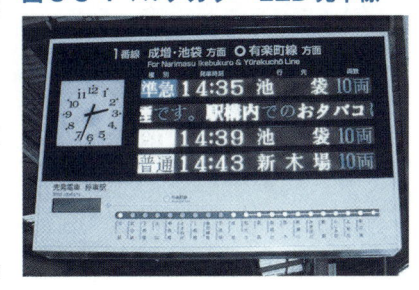

写真提供：ローム株式会社

3・可視光発光ダイオード（LED）

3-6 可視光 LED の応用② 光源用途

●バックライト光源（BLS）

　液晶テレビや携帯電話の液晶パネルの裏面には、バックライトとよばれる照明システムが必要になります。従来は、高周波点灯回路が必要な冷陰極管（CCFL）とよばれる蛍光灯の仲間が使われてきました。CCFLでは必要な高周波点灯回路が不要となるLEDを使ったバックライトシステム（BLS）への置き換えが急速に進んでいます。

　ＢＬＳには、部屋の明るさなど環境に合わせて調光する機能や画像信号の入力に合わせて調光する機能などの自動調光機能を持ったドライバーLSIやドライバーボードが開発されています。CCFLに比べて色純度が高く、部分的な消灯もできるので省電力に寄与し、コントラスト比も向上しています。

　東芝REGZA・X1シリーズのメガLEDパネルを例にとって説明します。

　4608個のLED実装基板とLEDドライブ基板で広範囲の輝度調整が可能になっています。ハイコントラスト部のピーク輝度は、従来の2.5倍になっています。ダイナミックレンジを広げつつ、暗部階調性を維持させており表現の幅が広がり、深い闇の中における眩い光を東芝のLED技術は再現しています。さらに画面全体が明るいシーンや明暗差の大きなシーンでは、人間の視覚特性に合わせて輝度を調整するLEDインテリジェントピーク輝度コントロールの「メガLEDバックライトコントロールシステム」が採用されています。

図3-6-1 東芝CELL REGZA LEDバックライトアレイ

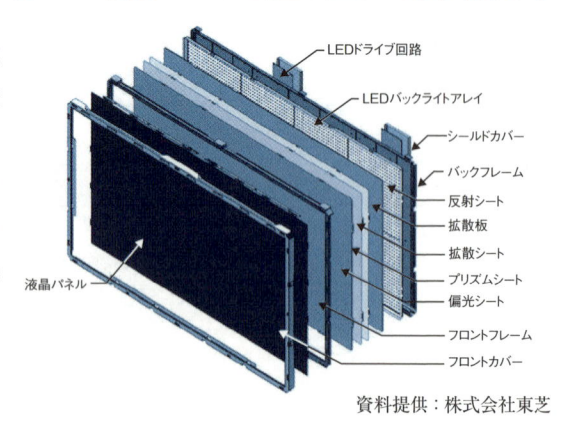

LEDドライブ回路
LEDバックライトアレイ
シールドカバー
バックフレーム
反射シート
拡散板
拡散シート
プリズムシート
偏光シート
液晶パネル
フロントフレーム
フロントカバー

資料提供：株式会社東芝

● LED プリントヘッド

　富士ゼロックスのカラー複合機に採用されている LED プリントヘッド方式を例にとり LED プリントヘッドを説明します。

　レーザ光を走査させて感光体ドラム上に描画していくレーザ ROS 方式は、モータを使ってポリゴンミラーを回転させて走査をしていました。

　LED プリントヘッド方式は、ライン状に LED を配置した LED 基板とレンズアレイユニットにより構成され、感光体ドラムと直結した構造になっています。可動部のない信頼性の高い構造になり、しかも体積比で 1/40 の小型になっています。

　また、LED アレー (SLED CHIP) は 1,200dpi の高解像度で、自己走査機能を持っています。LED アレーは、1 個の ASIC で光量補正など緻密な集中露光制御をおこなっています。LED プリントヘッド方式の採用により、レーザ ROS 方式と同等以上の高画質が実現し、しかも小型化、高信頼性を実現しています。

図 3-6-2　LED プリントヘッドの仕組み

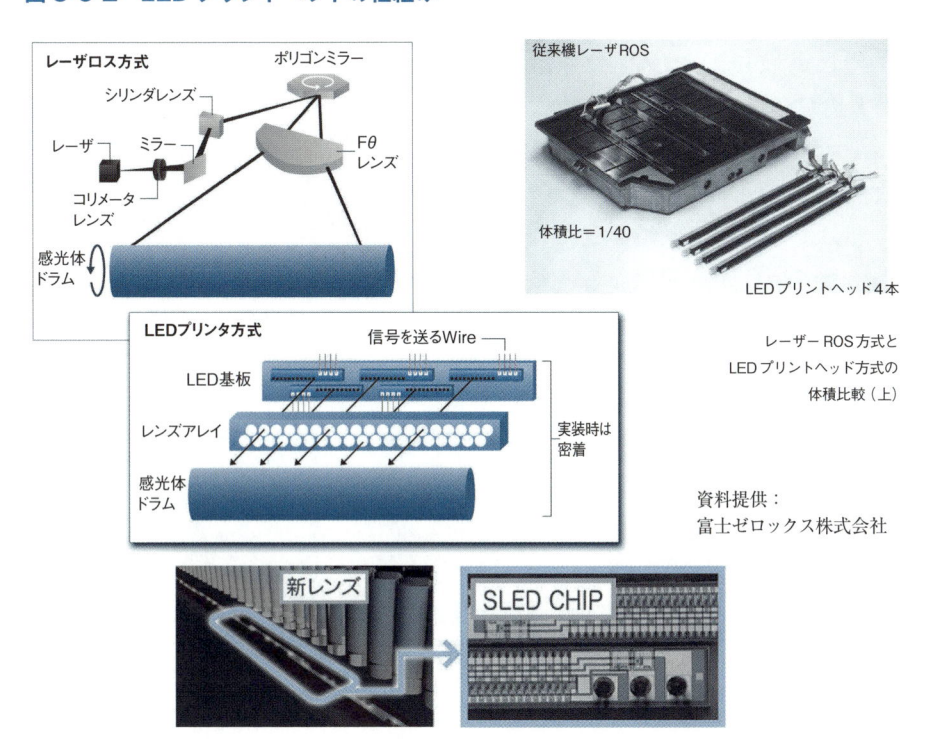

資料提供：
富士ゼロックス株式会社

3-7 可視光LEDの応用③ 照明用途

●照明灯具

　従来の電球や蛍光灯と置き換え可能で、灯具を交換することなく使える電球タイプLEDや直管タイプLEDなどが製品化されています。また、メンテナンスの手間がかからず、環境負荷が少ない点が評価されてLED街路灯や防犯灯への採用も進んでいます。しかし、内蔵している電源部から発生する電磁波が問題になったり、駆動回路による照明の変動が体調に影響をあたえるなどの発展途上の製品にありがちな問題も発生しています。

　照明LEDの主役である白色LEDの変換効率は蛍光灯の発光効率100lm/Wをついに追い越しました。2012年には250 lm/Wに達するとの説もあります。しかしLEDチップの寿命は、放熱具合に大きく左右されます。放熱性のよいパッケージの採用や器具全体の放熱設計、明るさに合わせた調光回路などによる発熱の低減などにより、さらに長寿命化が可能になると普及もさらに進むものと思われます。

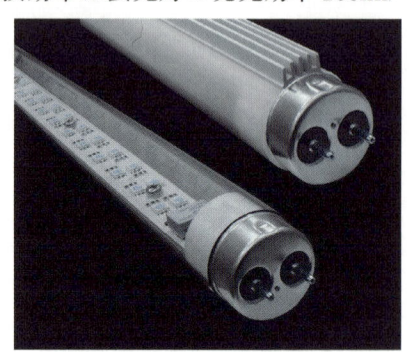

図 3-7-1　直管タイプ LED
写真：bikei（美蛍）／東神電気株式会社

図 3-7-2　電球形 LED ランプ

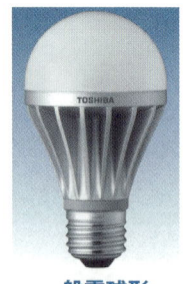

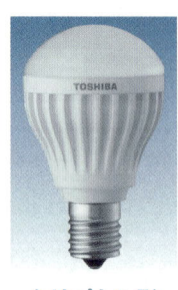

一般電球形　　クリプトン形　　ミゼットレフ形

写真提供：
東芝ライテック
株式会社

●環境照明と間接照明

環境照明には、くまなく全体を照明する全般照明、一部分を照明する局部照明、スポットライトやサーチライトで照明する投光照明、建物の外壁をライトアップする建築化照明などがあります（詳細は付録の用語集を参照）。

一般家庭や店内の照明、オフィス、公共トイレ、自動車や電車の車内照明へLEDの採用が進んでおり、LEDは天井や壁面に組み込んで収納しやすいので、間接照明の光源としての利用が増えています。消費電力が小さい、寿命が長いといった特長に加えて発熱が小さいので、街路樹への負担が軽いことからLEDは季節を彩る木々の照明の主役にもなっています。

また、LED照明では多彩な発色を組み合わせてショーウィンドウを華やかに演出したり、和室に落ち着いたなごみの空間を作り出すなど環境照明への活用もめだっています。

図 3-7-3　LED照明の利用例

クリスマスイルミネーション

公共スペースのLED照明

鉄道車両室内の間接照明

画像提供：小田急電鉄

●植物工場の光源

　植物の成長に必要な光の波長は、成長過程により変化します。適切な時期に適切な波長の光線を浴びせると成長期間を短縮できます。また、出荷時の植物が持つ成分も光や肥料の制御で可能になりますので、消費者の好みにあった味の野菜の生産と供給が安定して可能になります。

　植物は、葉緑素であるクロロフィルが光を吸収することにより光合成反応が行なわれます。クロロフィルの光吸収スペクトルを図3-7-4に示します。この図からわかるように660nm近辺の赤色光は光合成に有効です。また、450nm付近の青色光は形態形成や光屈折性に有効です。

　植物の成長過程の形成と必要とする光線との関係をまとめて図3-7-5に示します。これらの必要となる波長に発光のピークを持つLEDは、個別にありますので組み合わせて光源を作成します。これらのLEDの点灯の組み合わせを制御することにより必要とする波長成分を含んだ光線を作り出すことができます。また、従来から使用されてきた光源とLED光源を組み合わせた、さらに効果をだすことのできるハイブリッド光源の研究も進められています。

図3-7-4　植物と光反応の作用スペクトル

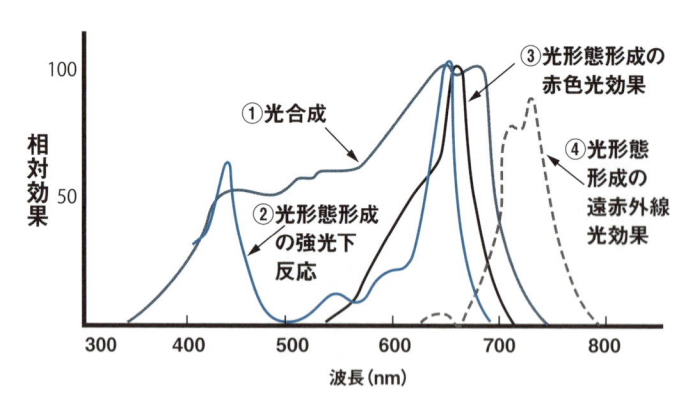

出典：シナジー研究センター　植物工場研究所ホームページ

図 3-7-5　植物の成長過程と必要な光線

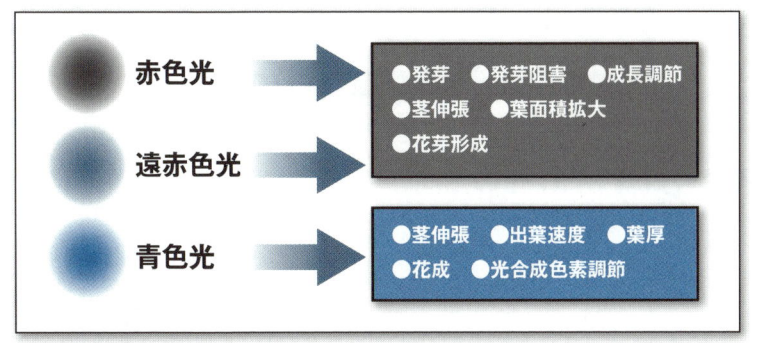

赤色光 → ●発芽　●発芽阻害　●成長調節　●茎伸張　●葉面積拡大　●花芽形成

遠赤色光 →

青色光 → ●茎伸張　●出葉速度　●葉厚　●花成　●光合成色素調節

出典：株式会社キーストンインターナショナルホームページ

●植物工場の陰の主役 LED

　天候不順で野菜が高騰すると普段は高めで敬遠されがちな植物工場生産の野菜に注目が集まります。光熱費や運送費の変動がなければ年間を通じて安定した価格で提供できるのが植物工場の強みです。植物工場を経営する会社としても安定した出荷先を確保したいので、B to C の定期的な宅急便を使ったお届けプランに力を入れるところが増えています。また店内に小型の植物工場を生きたインテリアとして設置し、収穫したレタスは、すぐにサラダで提供するといったサービスをはじめているファーストフード店もあります。

　LED は、植物が必要とする光を必要なタイミングに提供します。発熱が少ないので熱で植物を傷めることもありません。天井に取り付けられているので覗きこまないと点灯している様子は確認することはできません。このように植物工場を陰で支えているのが LED なのです。

図 3-7-6　LED 照明された植物工場で生育中の野菜

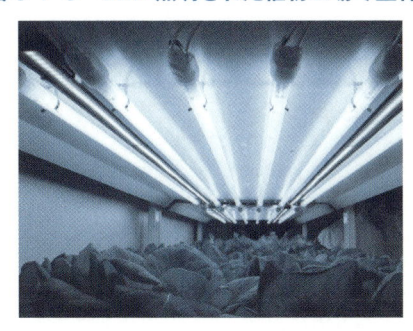

写真提供：昭和電工株式会社

3-8 可視光 LED の応用④ 交通信号灯器

●交通信号灯器 LED 化の動向

日本国内には平成 20 年度末までに車両用交通信号灯器は、約 118 万 9 千灯、歩行者用交通信号灯器は、約 91 万 3 千灯、合計 210 万 2 千灯が整備されています。このうち LED 式の信号灯器は、平成 20 年末現在、約 40 万 4 千灯（車両用約 27 万 5 千灯、歩行者用約 12 万 8 千灯）となり、信号灯器全体に占める割合は約 19.2％（車両用 23.1％、歩行者用 14.0％）となり、LED 式への整備が進んでいます。

表 3-8-1 に平成 20 年度末における都道府県別の交通信号機の整備数と LED 化率の統計を示します。

LED 化のメリットとして、

図 3-8-1　交通信号灯器の例

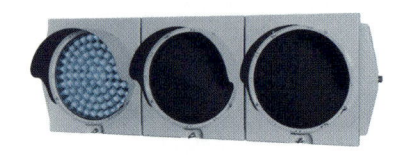

車両用交通信号灯器

歩行者用交通信号灯器

写真提供：株式会社京三製作所

① 電球式交通信号灯器では、電球の寿命は半年から 1 年なので頻繁に電球交換メンテナンスが必要になるのに対し LED 式交通信号灯器では LED の寿命は 6～8 年と見込まれており、メンテナンスの間隔が大幅に伸びる
② 消費電力が電球式の約 1/6 の省エネルギーになり、CO_2 削減に貢献できる
③ 太陽の西日が乱反射して点灯しているように見える疑似点灯がなくなる

などの点があげられるため急速に置き換えが進んでいます。

・車両用交通信号灯器

100～200 個の LED が光度、配光特性、視認性等の仕様を満たすように円周状に配列されており、その上に西日対策のマスクと透明レンズが被されています。また、マトリックス駆動することにより故障が起きても全体が同時に消えてしまいにくい点灯回路が採用されています。

・歩行者用交通信号灯器

　試験用灯器を使って、学識者、色弱の方、弱視の方、高齢者の方等による視認試験を行い、アンケート調査を実施した結果をふまえて、背景を黒とした人形部分を光らせる現状の形が作られました。

表3-8-1　都道府県別交通信号機等整備数　　　　　　　　　平成20年度末現在

	信号機総数（単位：基）	信号灯器数（単位：灯）					
		車両用灯器			歩行者用灯器		
			うちLED式	LED化率		うちLED式	LED化率
北海道	12,867	62,977	3,683	5.8%	59,832	2,900	4.8%
青森県	2,486	13,587	1,892	13.9%	10,908	1,571	14.4%
岩手県	1,849	10,633	2,345	22.1%	7,628	1,106	14.5%
宮城県	3,230	18,014	4,374	24.3%	16,681	3,099	18.6%
秋田県	1,845	10,810	2,076	19.2%	8,317	1,042	12.5%
山形県	1,731	10,542	2,242	21.3%	9,841	1,973	20.0%
福島県	3,881	22,284	4,539	20.4%	15,589	3,326	21.3%
東京都	15,508	106,227	60,947	57.4%	75,967	12,084	15.9%
茨城県	5,800	37,920	5,996	15.8%	30,771	3,535	11.5%
栃木県	4,115	25,178	2,834	11.3%	17,648	1,518	8.6%
群馬県	3,699	25,607	5,121	20.0%	17,588	3,953	22.5%
埼玉県	9,676	56,249	13,652	24.3%	36,964	6,756	18.3%
千葉県	7,650	46,375	9,204	19.8%	41,040	7,095	17.3%
神奈川県	9,388	55,240	10,598	19.2%	51,171	6,716	13.1%
新潟県	4,913	26,391	2,413	9.1%	20,348	1,845	9.1%
山梨県	1,748	13,151	2,877	21.9%	7,611	774	10.2%
長野県	3,266	21,975	5,967	27.2%	16,378	3,709	22.6%
静岡県	6,624	43,157	5,247	12.2%	32,583	1,880	5.8%
富山県	2,273	14,066	3,450	24.5%	9,196	827	9.0%
石川県	2,230	13,838	2,256	16.3%	10,289	662	6.4%
福井県	1,848	9,471	1,199	12.7%	5,980	696	11.6%
岐阜県	3,155	22,368	7,247	32.4%	14,400	3,662	25.4%
愛知県	12,966	79,816	22,748	28.5%	51,446	2,606	5.1%
三重県	3,010	21,176	5,961	28.1%	11,080	2,747	24.8%
滋賀県	2,329	14,678	2,433	16.6%	8,624	1,551	18.0%
京都府	3,034	20,751	4,369	21.1%	15,996	1,362	8.5%
大阪府	11,706	79,173	22,219	28.1%	59,164	15,258	25.8%
兵庫県	7,045	43,285	5,338	12.3%	35,147	2,952	8.4%
奈良県	1,979	13,840	4,461	32.2%	9,065	1,622	17.9%
和歌山県	1,654	10,778	3,405	31.6%	6,741	2,093	31.0%
鳥取県	1,241	7,146	1,113	15.6%	5,488	754	13.7%
島根県	1,335	6,663	2,078	31.2%	6,193	940	15.2%
岡山県	3,217	19,149	5,679	29.7%	15,016	4,131	27.5%
広島県	3,932	22,962	2,937	12.8%	17,719	969	5.5%
山口県	2,630	12,558	1,977	15.7%	11,846	1,520	12.8%
徳島県	1,533	9,136	3,368	36.9%	5,488	300	5.5%
香川県	2,087	13,914	4,643	33.4%	10,647	3,150	29.6%
愛媛県	1,885	10,730	1,657	15.4%	9,248	1,266	13.7%
高知県	1,436	9,662	2,225	23.0%	7,413	1,428	19.3%
福岡県	9,542	43,859	5,712	13.0%	38,569	4,130	10.7%
佐賀県	1,488	9,236	1,355	14.7%	7,217	977	13.5%
長崎県	2,240	9,703	2,406	24.8%	8,875	2,043	23.0%
熊本県	2,722	14,659	2,354	16.1%	11,551	1,223	10.6%
大分県	2,022	11,413	1,186	10.4%	9,689	626	6.5%
宮崎県	2,232	12,890	1,860	14.4%	10,319	1,416	13.7%
鹿児島県	2,896	15,929	2,017	12.7%	13,837	1,276	9.2%
沖縄県	2,013	10,202	1,605	15.7%	9,791	1,184	12.1%
合計	197,956	1,189,368	275,265	23.1%	912,899	128,253	14.0%

3-9 可視光LEDの応用⑤ LED式捕虫器

　飲食店などで食事前に虫が飛んできたりするとせっかくの雰囲気が台無しになってしまうものです。そこで捕虫器を設置してみたところターゲットとなる虫の好む光と異なったために効果がなかったという事例もあります。そのようなことを防ぐために昆虫の走光性を利用し、虫の種類に合わせて好む光を作り出して誘引し、捕獲してしまうLED式捕虫器も開発されています。

　このLED式捕虫器では8個のLEDを直列に実装した基板と紫外線蛍光ランプが製品上面に配置されています。8個のLEDは、異なる発光色を出せるようになっており、LEDの発光色の組み合わせで害虫が好む光を10パターン作り出せるようになっています。誘引されて飛び込んできた害虫は、内部の粘着シートに捕獲されてしまいます。

　壁面にとりつけられた製品の外観写真と内部の構造写真を図3-9-1に示します。

図3-9-1　LED式捕虫器「虫とりっ光」

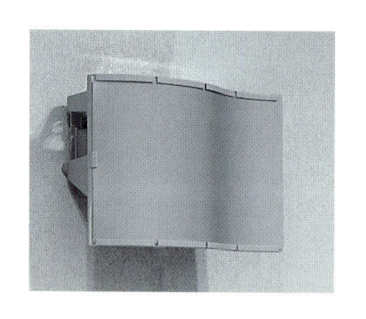

資料提供：アース・バイオケミカル株式会社

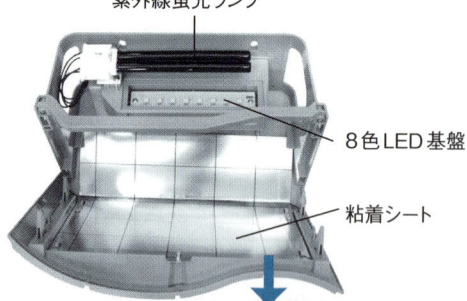

　飲食店や食堂における衛生対策に加えて食品や製品への混入を防ぐための品質管理上からも、このような飛翔昆虫対策は店舗や工場でも必要になっています。LED式捕虫器をレストランの店内、厨房、コンビニエンスストアの店内の壁面に設置し、使用している例をイラストで図3-9-2に示します。

図 3-9-2 「虫とりっ光」設置場所例

● LED の色設定パターンと誘引されやすい害虫

　LED の発光色と誘引されやすい害虫の関係を表 3-9-1 に示します。この製品では、LED の発光色は底部にある 6 個のスイッチを操作して 10 のパターンを設定できるようになっています。

表 3-9-1　LED の発光色と誘引されやすい害虫との関係

No.	LED色	誘引されやすい主な害虫
1	すべて OFF	
2	ホワイト	飛翔害虫全般を対象
3	ベージュ	飛翔害虫全般を対象
4	青	キンバエ、ニクバエ、ショウジョウバエ、ノミバエ、ウンカ、ヨコバイ、ガガンボ、蛾（ヨトウガ、イラガ）など
5	スカイブルー	キンバエ、ニクバエ、ショウジョウバエ、ノミバエ、ウンカ、ヨコバイ、ガガンボ、蛾（ヨトウガ、イラガ）など
6	緑	イエバエ、ノミバエ、ユスリカ、蛾（ヨトウガ）、甲虫、カメムシ、バッタ、クモなど
7	黄緑	ミズアブ、ユスリカ、蛾（メイガ）など
8	黄	ユスリカ、蛾（メイガ）など
9	橙	ミズアブ、ユスリカ、蛾（メイガ）など
10	赤	アブ、ミズアブ、蛾（スズメガ）など
11	赤紫	アブ、ミズアブ、蛾（スズメガ）など

出典：アース・バイオケミカル株式会社ホームページ

絵でみる発光ダイオード 7
LEDとサーカディアン照明

日常生活に適応する、一般照明としても注目されるLED、その快適さを作り出す技術を説明します。

目覚め 朝の光でリセット / 活動 / やすらぎ 眠り

朝 青白い光　　昼　オレンジ色のやわらかい光　夕方

人は太陽光の色温度の変化により、体内時計が形成され、生活のリズムを作っています。光の色と明るさは「色温度（K：ケルビン）」で表されます。

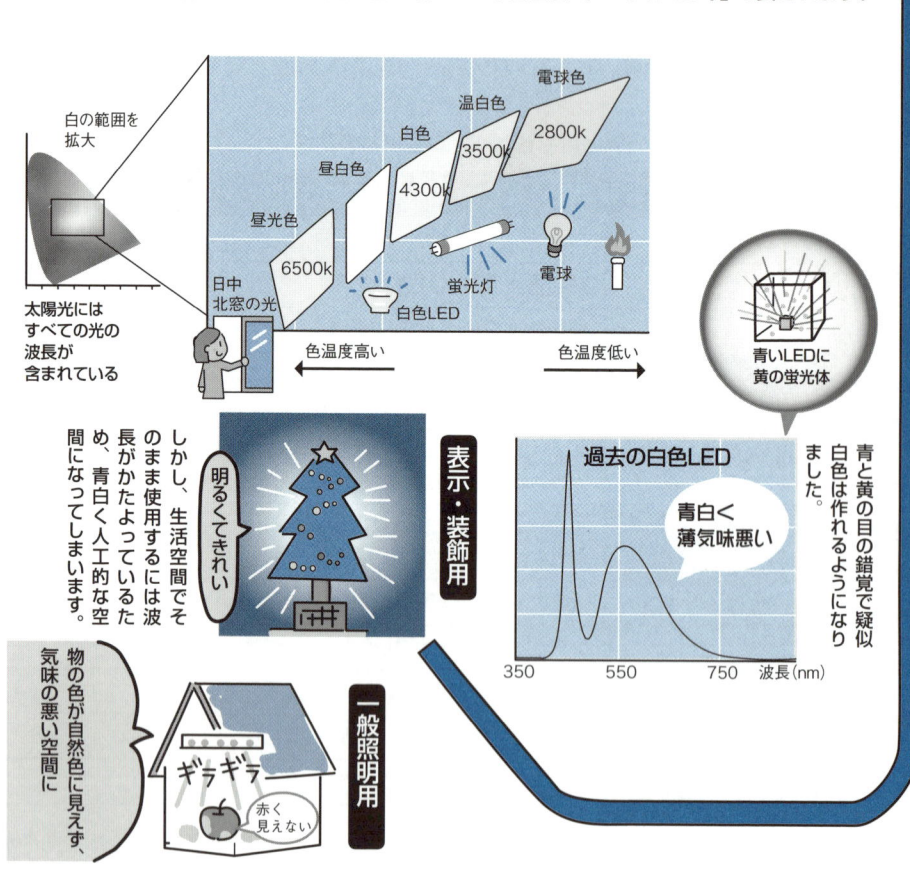

白の範囲を拡大

太陽光にはすべての光の波長が含まれている

日中北窓の光　昼光色 6500k　昼白色 4300k　白色 3500k　温白色　電球色 2800k
白色LED　蛍光灯　電球

色温度高い　　　色温度低い

青いLEDに黄の蛍光体

過去の白色LED

青と黄の目の錯覚で疑似白色は作れるようになりました。

青白く薄気味悪い

波長(nm) 350　550　750

表示・装飾用: 明るくきれい

しかし、生活空間でそのまま使用するには波長がかたよっているため、青白く人工的な空間になってしまいます。

一般照明用: ギラギラ、赤く見えない

物の色が自然色に見えず、気味の悪い空間に

92

最適な白色LEDはどうやってできるの？

私たちがくつろぐことのできる

色温度や電子制御・照明方法の工夫でLEDならではの快適な生活が送れます。

朝 青白い光 さわやかに目覚める光 おはよう

夜 眠気をさそう温かい光 リラックス

① 蛍光体を狙い通りにブレンドすることで、すべての波長をバランスよく持ったLEDができます。

青いLEDに複数の蛍光体

照明用温白色LED
暖かで豊かな色合い
波長(nm) 300 400 500 600 700 800

高いブレンド技術で青白い光から温かい光まで色温度のバリエーションができます

レンズ

レンズによって光の利用効率をあげる

すると…

効率よく狙ったところを均一に照らす

まぶしくないよ

そのまま使うと効率が悪い

まぶしい

まぶしいだけで照明としては明るさが足りない

② また、自動車ランプの配光技術を生かせば、ムラなく狙ったところを照らすことができます。

3・可視光発光ダイオード（LED）

資料提供：スタンレー電気株式会社

❗ 社会の安全を支える LED

　警察のパトロールカー、消防車、救急車、ガス会社の緊急作業車などの緊急車両がサイレンをけたたましく鳴らし、車上の赤色灯を点滅させながら現場へかけつける風景をよく見かけます。工事現場では赤の警告灯、標識灯、誘導灯などが点滅し、事故が発生しないように誘導してくれています。

　また、トンネル内やガードレールのある路側、高速道路のカーブがある中央分離帯など注意を喚起する必要のある個所にはLEDを使った安全標識灯が多数設置されて、赤の点滅でドライバーの安全運転を確保しています。

　このような現場で用いられている赤色灯には寿命が長く、高い信頼性が求められますのでLEDはうってつけなのです。

　また最近では駅のホームからの転落事故や飛び込み自殺が増えています。そこでホームの端にLEDを埋め込み、赤い光が流れているように点滅させて列車の接近を知らせることにより、心理的に乗降客の安全を確保している駅があります。

　このようにLEDは今や都市の生活、社会の安全を多くの場面で側面から支えてくれている、なくてはならないデバイスになっています。

図 3-A　LED を使った信号灯、警告灯の例

写真提供：株式会社パトライト

第4章

赤外光 発光ダイオード
(IR-LED)

赤外光LEDは、人には見えない赤外線を発光するダイオードです。
一般にはIR-LEDとかIr-LEDと表記されています。
赤外線は人体に悪い影響をおよぼさないので
テレビを筆頭に多くの機器のリモコンに使われています。
また、短距離でデータのやりとりをする通信にも使われています。

IR-LED：Infrared Light Emitting Diode

4-1 赤外線の分類

　可視光線の赤より波長が長く、マイクロ波より波長が短い光線が赤外線です。

　赤外線の応用範囲は広く、たとえばテレビやエアコン等のリモコンでは赤外光LEDが使われています。表面に温度があるものは赤外線を出しているので赤外線を計測することにより人や物体の温度の分布や変化を知ることができます。また、海面の温度の変化を人工衛星から赤外線センサで測定することにより台風の発生や広域の長期天気予報が可能になってきました。

図4-1-1　電磁波と赤外線

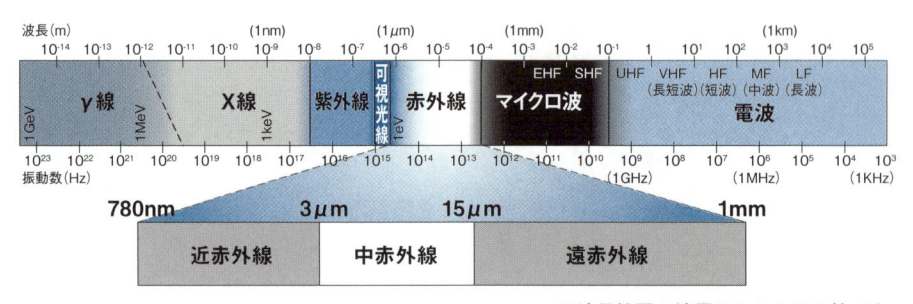

※波長範囲の境界はおおよその値です。

　赤外線は、可視光線に近い波長の短いほうから近赤外線、中赤外線、遠赤外線に分けられており、主な用途を以下に記します。

- **近赤外線**：780〜3,000nm（780nm〜3μm）

　近赤外線は、皮膚へ数ミリ浸透してヘモグロビンに吸収されてしまう特性を利用して静脈認証装置やヘモグロビン濃度を測定する医療検査装置に利用されています。また、電化製品のリモコンや近距離通信の手段として広く使われています。

- **中赤外線**：3,000〜15,000nm（3〜15μm）

　赤外分光法の分野では赤外というと中赤外線のことを指します。物質固有の吸収スペクトルがこの領域にあり、化学物質の同定に利用されています。

たとえば空港で麻薬や爆薬類を発見するための荷物検査装置や赤外分光分析装置には、赤外分光法が使われています。

また、波長が4〜14μmの中赤外線の太陽光は、人体や植物の代謝を促進させて育成させるために欠かせない光線なので、育成光線とよばれています。

・**遠赤外線**：15,000〜1,000,000nm（15μm〜1mm）

遠赤外線は、吸収されると熱になる性質を持っています。そこで調理機器や暖房機器に使われています。また、熱い物体から遠赤外線は放射されます。遠赤外線は電磁波ですので、放射するだけで熱のように熱伝導や熱対流をすることはありません。

●赤外分光法

中赤外線の中で述べた赤外分光法について説明します。

物質に赤外線を照射すると物質を構成している分子が赤外線のエネルギーを吸収して量子化された振動もしくは回転の状態が変化します。ある物質を透過あるいは反射した赤外線は、照射した赤外線に比べ分子運動の状態遷移に使われたエネルギーだけ小さくなっています。この差は、分子に吸収されたエネルギー、すなわち対象とする分子の振動、回転の励起に必要なエネルギーになります。

分子の振動、回転の励起に必要なエネルギーは、分子の化学構造により異なります。2πを赤外線の波長で割った波数を横軸に、吸収度を縦軸にとった平面上に得られる赤外吸収スペクトルは、分子により固有の形を示します。この形から対象物質の分子構造を知ることができます。

従来は回析格子を使った分散型赤外分光光度計が使われてきましたが、最近はマイケルソン干渉計を使ったフーリエ変換赤外分光光度計が多くなっています。これは、秒単位の測定が可能になり、高感度でS/N比のよい測定が可能で、高精度になり、透過パーセントから吸収度への変換など表示変換が簡単に行えるからです。

この赤外分析法は、有機化合物の構造決定や、物質の表面構造分析、理論化学の実験的裏付けなどに使われています。

4-2 赤外光LEDの構造と発光動作

　テレビやエアコンのリモコンの送信光源、警備用光センサの光源、通信用光源などに人の目には見えない赤外光LEDが使われています。パッケージは、キャンタイプ、樹脂モールドタイプ、セラミックタイプなどさまざまな種類、形状があります。

　近赤外線（780nm～3,000nm）を発光するLEDの構造にはGaAsのn+基板上にGaAsのp層をエピタキシャル成長させる単一ヘテロ構造（1）と、GaAsの活性層をn型のGaAsクラッド層とp型のGaAlAsクラッド層で挟んだダブルヘテロ構造（2）があります。構造（2）をしたLEDの方がより高出力になります。

　また、中赤外線（～15,000nm）を発光するGaSb-InAs構造のLEDが製品化されており、赤外線分光分析装置や揮発性有機化合物（VOC）ガスを測定する大気汚染測定装置などに使われてはじめています。

図4-2-1 近赤外光LEDの構造

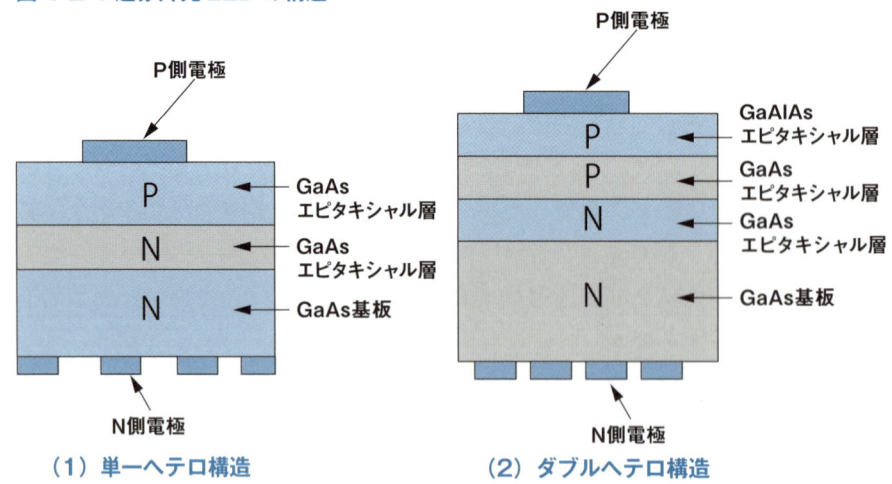

（1）単一ヘテロ構造　　　（2）ダブルヘテロ構造

出典：ローム株式会社ホームページ

さらに長波長側に吸収帯のあるガス検出に対応するために100ページに紹介する中赤外光LEDの研究開発と製品化が進められています。

●赤外光LEDの発光スペクトル例

図4-2-2にピーク波長を850nmと1,650nmに持つ近赤外光LEDの発光スペクトル例を示します。前者は、相対発光出力が50％のスペクトルは820〜870nmで左右対称な形をしています。一方、後者は1,570〜1,690nmとなり、ピーク波長をすぎて長波長側では相対発光出力が急激に落ちていくのがわかります。

ピーク波長850nmの赤外光LEDは、空間光通信装置に使われています。

ピーク波長1,650nmの赤外光LEDは、1,650nm付近に吸収帯を持っているメタンガスの検出器の中で使われています。

一例として、赤外光LEDを使った炭鉱ガス管理に使用するLED赤外線式メタンガスセンサの研究開発が（独）産業技術総合研究所と（財）北海道中小企業総合支援センターでおこなわれています。

図4-2-2　近赤外光LEDの発光スペクトル例

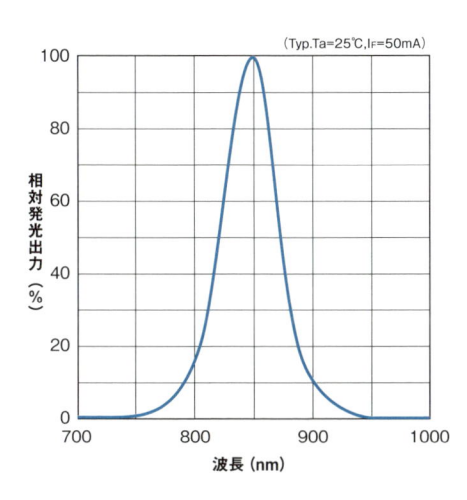

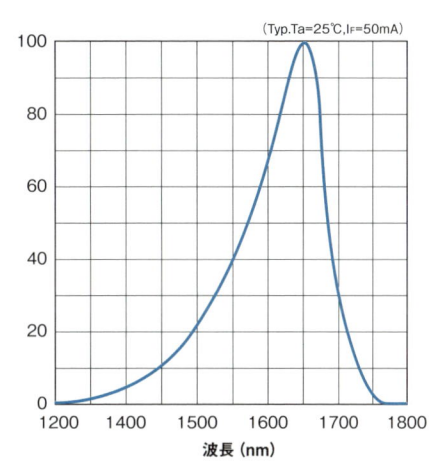

ピーク波長850nm

ピーク波長1,650nm

出典：浜松ホトニクス株式会社ホームページ

●中赤外光 LED の発光スペクトル例

図 4-2-3 に近赤外線から中赤外線に発光ピーク波長を持つ中域赤外光 LED の発光スペクトル例を示します。

図 4-2-3　中赤外光 LED の発光スペクトルの例

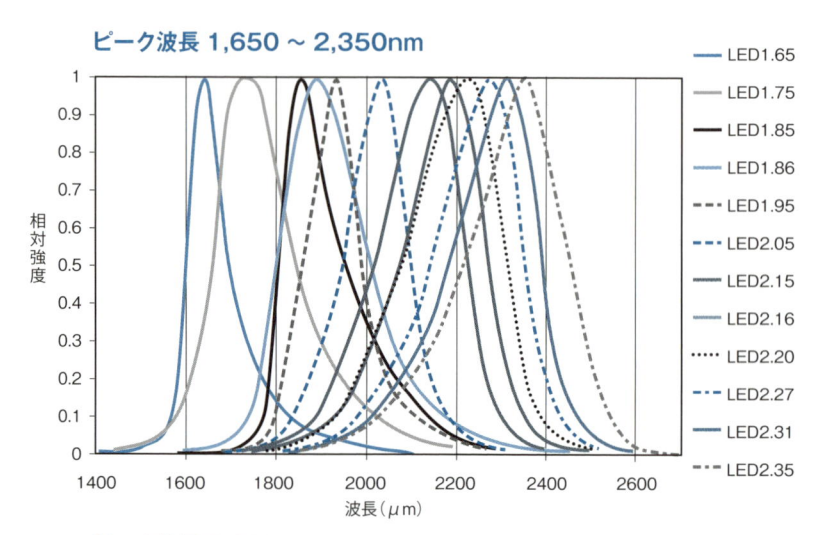

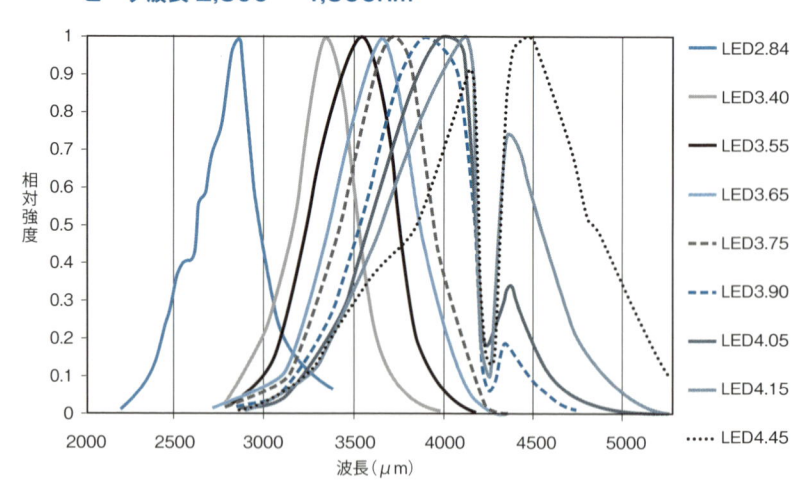

ピーク波長 1,650 ～ 2,350nm

ピーク波長 2,800 ～ 4,500nm

出典：株式会社キーストンインターナショナルホームページ

●主なガスの吸収帯

波長 1,600 ～ 4,600nm の近赤外線から中赤外線にかけては CH_4、CO、CO_2、H_2O など重要なガスの吸収帯が存在します。吸収帯と同じ発光波長を持つ中赤外光 LED は、対象となるガスの検出や濃度測定に使われています。主なガスの吸収帯を表 4-2-1 に示します。

表 4-2-1 主なガスの吸収帯

CH_4 1.65;2.30 μm; 3.2 ～ 3.45 μm	CO_2 2.00;2.65 μm; 4.2 ～ 4.3 μm	H_2O 2.65 ～ 2.85 μm; 1.86 ～ 1.94 μm	N_2 4.0 ～ 4.54 μm
C_2H_2 2.99 ～ 3.09 μm	HOCl 2.6 ～ 2.9 μm	HCl 3.33 ～ 3.7 μm	NH_3 2.27;2.94 μm
C_2H_4 3.1 ～ 3.4 μm	HBr 3.7 ～ 4.0 μm	OH 2.38 ～ 2.63 μm	NO + 4.08 ～ 4.44 μm
C_2H_6 3.3; μm;	HI 2.27 ～ 2.3 μm	H_2CO 3.38 ～ 3.7 μm	HNO_3 5.74 ～ 5.98 μm
CH_3Cl 3.22 ～ 3.38 μm	H_2S 3.7 ～ 4.4 μm 2.5 ～ 2.8 μm	CO 2.24 μm; 4.4 ～ 4.8 μm	NO_2 3.4 μm
OCS 3.45;4.87 μm;	HCN 2.94 ～ 3.1 μm	HO_2 2.73 ～ 3.1 μm	SO_2 4.0 μm
C_6H_6 2.44 ～ 2.47 μm 3.17 ～ 3.33 μm	$CHBr_3$ 2.39 μm; 3.29 μm	$C_2H_4Cl_2$ 3.23 ～ 3.51 μm	$C_2H_2Cl_2$ 2.50 ～ 2.86 μm
C_2HCl_3 3.22 ～ 3.25 μm; 4.20 ～ 4.35 μm	H_2O_2 3.70 ～ 3.85 μm; 4.17 ～ 4.35 μm	HF 2.33 ～ 2.78 μm; 4.17 ～ 4.43 μm	C_3H_8 3.28 ～ 3.57 μm

出典：株式会社キーストンインターナショナルホームページ

4-3 赤外光LEDの応用① 通信用途

●赤外線リモコン

テレビやエアコンなど家庭内やオフィスの電子機器、電化機器の操作には数多くのリモコンが使われています。これらのリモコンのほとんどの送信部には、940nm付近の波長の砲弾型赤外光LEDが使われています。

映像機器のリモコンに使われている送信フォーマットにはNECフォーマットやSONYフォーマットがあります。ここではNECフォーマットについて説明します。送信信号は図4-3-1のような構成になっています。

図 4-3-1 リモコンの送信信号フォーマット

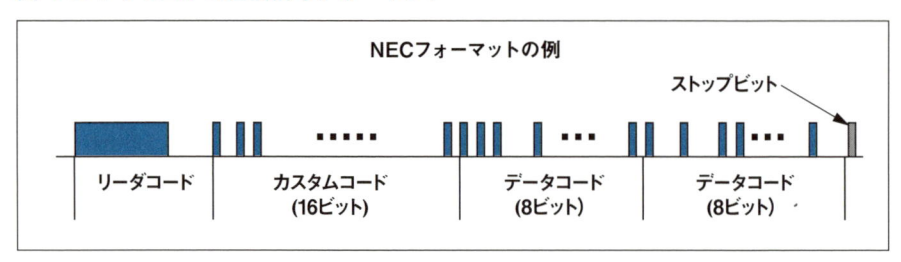

```
         NECフォーマットの例
                                                    ストップビット
┌──────────────────────────────────────────────────┐
│ リーダコード │ カスタムコード │ データコード │ データコード │
│              │   (16ビット)   │   (8ビット)  │   (8ビット)  │
└──────────────────────────────────────────────────┘
```

出典：ルネサス エレクトロニクス株式会社ホームページ
FAQ（http://www2.renesas.com/faq/ja/mi_com/f_com_remo.html）より

① リーダコードを送ります。
　リーダコードは、キャリヤ波形を9ms、続いてL信号を4.5ms送ります。
② カスタムコードを16ビット、データコードを16ビット、合計32ビットを送ります。
　1ビットデータは、データが1のときは、0.56msのキャリヤ波形H信号と1.69msのL信号、データが0のときは、0.56msのキャリヤ波形と0.565msのL信号のキャリヤ波形を変調した波形になります。

図 4-3-2　リモコンの 1 ビットのデータ信号波形

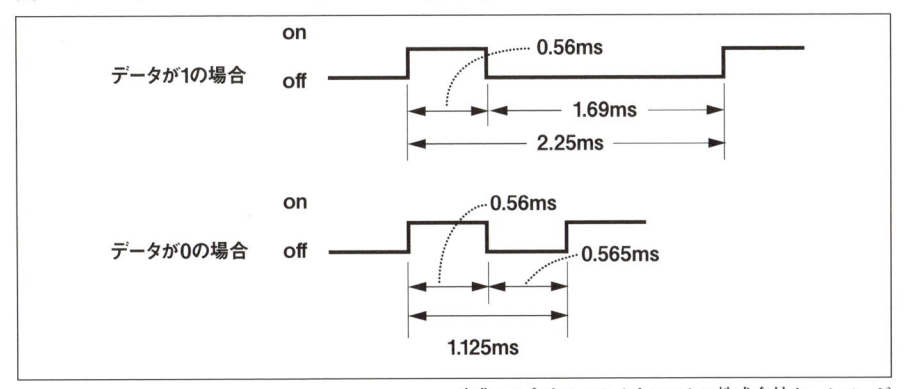

（データが 1 の場合：on 0.56ms、off 1.69ms、全体 2.25ms）
（データが 0 の場合：on 0.56ms、off 0.565ms、全体 1.125ms）

出典：ルネサス エレクトロニクス株式会社ホームページ
FAQ（http://www2.renesas.com/faq/ja/mi_com/f_com_remo.html）より

　H 信号のキャリヤ波形は、H 信号 8.8 μs、L 信号 17.5 μs と H/L デューティ比が 1:3 になっています。これは、消費電力を抑えるためです。赤外光 LED は、このように一周期 26.3 μs、周波数 38 kHz で ON/OFF 点灯して H 信号のキャリヤ波形を送信しています。
③最後にストップビットとして 0 信号を 1 ビット送り終了します。

図 4-3-3　赤外光 LED が先端についたリモコン基板

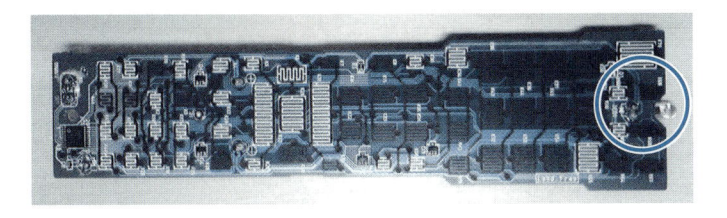

●赤外線リモコン VS RF リモコン

　赤外線リモコンが使われ始めたのは 1970 年の末からですからすでに 30 年以上の歴史があります。当初の規格は、テレビのチャンネル切り替えや音量の調節を意図して作成されましたので、さすがに最近の機能満載の電子機器のリモコンには対応できない面もでてきています。そこで Bluetooth や Zigbee といった短距離無線通信の標準規格を使った RF リモコンに注目が集まっています。また、RF リモコン用の無線トランシーバ LSI が製品化され、簡単に多機能なリモコンが設計できる環境が整ってきています。

●赤外線通信（IrDA）モジュール

　パソコンと携帯電話、パソコンとデジタルカメラ、携帯電話同士など、お互いにデータ交換をするのに IrDA が使われています。赤外線通信には、無線通信のような電波法による法規制がありません。また、送信角度が 30 度と狭く、送信距離も 1 m 前後と短いので比較的セキュリティを保ちやすいといった特長があるからです。

　IrDA/DATA1.4 規格に準拠すると 1 m の距離で 16Mbps の通信速度を確保できます。IrDA 規格に準拠した赤外線チップ LED の送信部とフォトダイオードチップの受信部を一体化した IrDA モジュールが製品化されています。赤外光 LED には波長 870 ～ 880nm 付近を使ったものが多いようです。また、IrDA の規格に準拠して変復調を行う IrDA コントローラも LSI 化されていますので簡単に送受信システムを組むことができます。

　現在、100Mbps の UFIR という規格の策定が進められており、IrDA モジュールの通信速度は、今後さらに高速化していくと思われます。

図 4-3-4　IrDA モジュール製品例

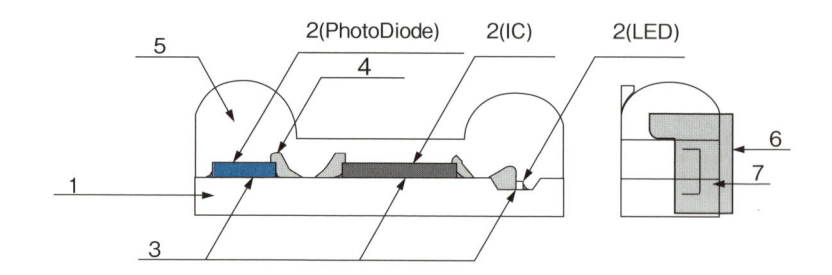

No	部品名称	材料（製法）
1	フレーム	ガラスエポキシ（外部端子：金メッキ処理）
2	ダイ	LED / ガリヒ素　IC / シリコン　フォトダイオード / シリコン
3	ダイ・アタッチ	Ag ペースト
4	ワイヤー	Au 線（超音波併用熱圧着法）
5	モールド	非難燃性エポキシ系樹脂（トランスファーモールド）
6	標印	レーザー標印
7	シールドケース	鉄（メッキ材質：Sn）

出典：ローム株式会社ホームページ

図 4-3-5　IrDA　送受信システム

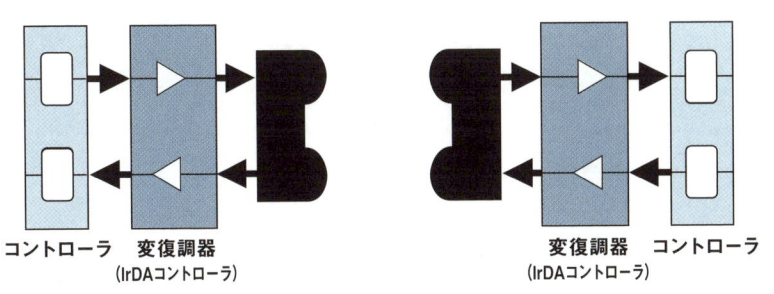

出典：ローム株式会社ホームページ

以下に IrDA、Bluetooth 双方の共通点および有利な点を整理してみましょう。

- **IrDA と Bluetooth の共通点**

　　IrDA は赤外線、Bluetooth は 2.4GHz 小電力電波を使った無線通信である。
　　IrDA は 0.3 〜 1m、Bluetooth は 10 〜 100m と短距離通信である。
　　国際統一規格である。

- **IrDA が有利な点**

　　人体、電子機器への影響の心配がいらない。
　　壁で遮断されるので隣室から傍受されることがない。
　　航空機に持ち込んでも計器類に影響を与えない。
　　IEEE802 無線 LAN に影響を与えない。

- **Bluetooth が有利な点**

　　通信範囲が広い。
　　送信側と受信側を対向させる必要がない。
　　送信部を直視しても眼への影響はない。
　　蛍光灯の真下でも影響をうけない。

　通信範囲が広くノイズの影響を受けにくく使い勝手のよい Bluetooth が現状では優位に立っています。しかし、秘密漏洩防止の情報管理が厳しくなる中、IrDA の、傍受されにくい、無線 LAN と干渉しないといった特長が見直されています。

4-4 赤外光LEDの応用② 生体測定用途

●静脈指紋認証装置

　指紋認証のように偽造が困難な生体内の静脈パターンを認証に使った静脈指紋認証装置がATMやパソコンの認証システムに使われています。静脈指紋認証装置の照合原理は次のようになります。

　近赤外線LEDの光線を指に照射するとヘモグロビンが近赤外光を吸収し、その部分が黒く紋様を作ります。この原理を使い、透過光を近赤外線カメラで撮像した静脈パターン画像を画像処理し、暗号化した静脈指紋データをあらかじめ登録してデータベース化しておきます。

　入室システムでは、入室にあたって室外に設置されている静脈指紋認証装置に指をかざすと静脈指紋データを取得します。取得データと登録されているデータを照合し、マッチングに成功すると開錠されて、入室が可能になります。

図 4-4-1　静脈指紋認証装置の照合原理

出典：スズデン株式会社ホームページ

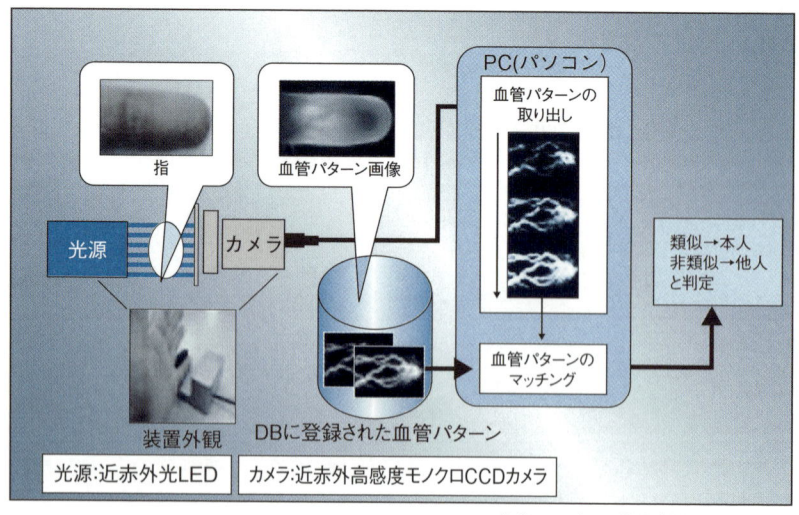

生体内にある静脈パターンを認証に使うと指紋のように切り傷、しわや肌荒れなどの日常の変化の影響を受けません。また、外観からは識別できないので、偽造をすることも極めて困難になります。

●パルスオキシメータ

　動脈を流れる血液中のヘモクロビンが運んでいる酸素量（動脈酸素飽和度）を計測するのがパルスオキシメータです。動脈血の酸素飽和度を測定し、心肺機能の状態を知ることができます。病院では手術中やICUでの患者をモニターするのに使われています。

　運動中や登山中に過度の負担がかかっていないかをモニターするための指や耳に挟んで持ち歩ける小型の製品もあります。

　センサには光源LEDの光線を動脈へ向けて入射し、通過させて測定するタイプ（A）と動脈から反射してくる光を測定するタイプ（B）があります。光源LEDには近赤外光LEDや赤色LEDが使われています。脈拍数も同時に測定、表示できるようになっている製品がほとんどです。

図4-4-2　通過型センサ(A)と反射型センサ(B)

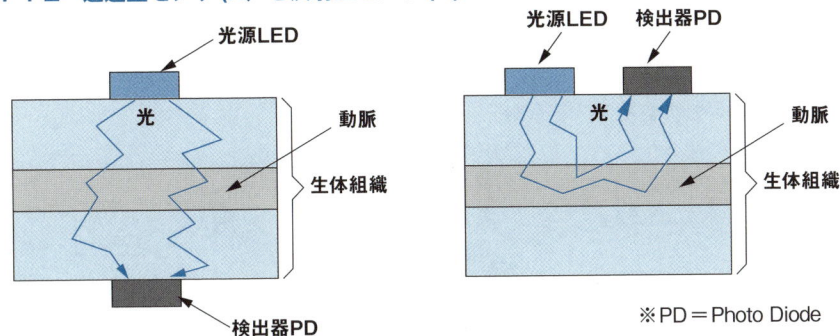

※PD＝Photo Diode

図4-4-3　指先クリップ型の パルスオキシメータ「BO-600」

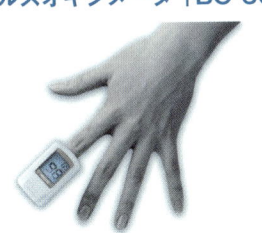

写真提供：日本精密測器株式会社

4-5 赤外光LEDの応用③ センサ光源用途

●暗視カメラの照明

　赤外光LEDをリング状に配置した赤外線投光器や赤外光LEDライトとCCDカメラを組み合わせた暗視カメラを使うと暗闇でも画像を得ることができます。また、赤外線で照明されていることは人間には光線が見えませんのでわかりません。そこで暗視カメラは、不審者を侵入前に撮像し、不審者へ音や光で警告したり、威嚇をする装置、時間記録のついたHDD録画装置などと組み合わせた監視や防犯目的のシステムに組み込まれてよく使われています。

図4-5-1　赤外LEDライトを使ったビデオカメラの例「VS－FUN IR」

写真提供:株式会社ケンコー

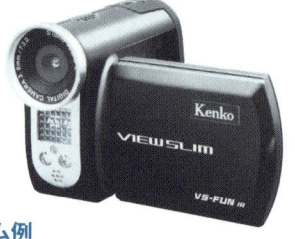

図4-5-2　神社の監視システム例

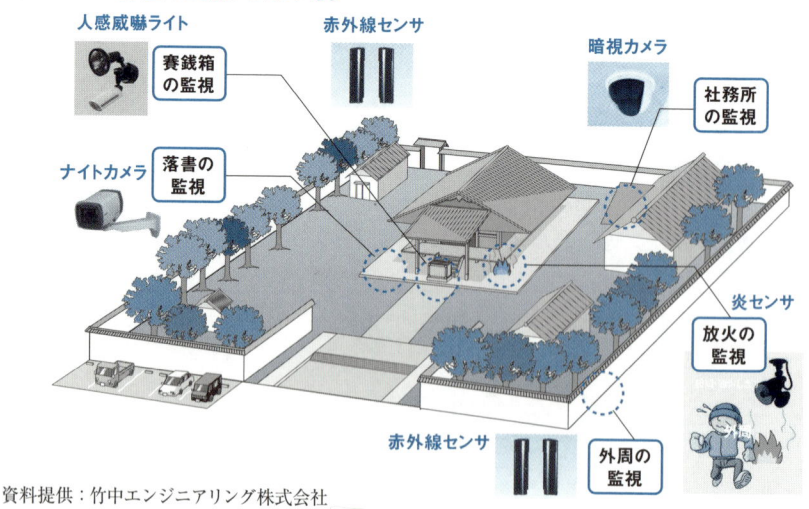

資料提供：竹中エンジニアリング株式会社

●赤外線防犯センサ

　防犯センサには、リードスイッチとマグネットの組み合わせで窓や扉の開閉を検知するマグネットスイッチのような簡単なものから人体から放射されている赤外線を検出する人感センサ、マイクロ波を放射して反射を検出するドップラーセンサなどいろいろな方式があります。

　ここでは近赤外LEDを使った2重変調ビーム光線と近赤外線センサをペアにした侵入検出に使う防犯センサについて紹介します。赤外線のビーム光線を通過物がさえぎると警報信号を発して警備員に知らせたり警備会社へ通信回線で知らせたりします。犬や猫などが侵入する高さより高めの位置にビーム光を設定しておけば小動物が通過したことによる誤動作の回数を減らすことができます。また、ビームは上下2段になっていますので上段だけを鳥が飛来して通過しても、下段だけを小動物が通過しても誤動作にはなりません。車のヘッドライトとかサーチライトなどの強烈な光が入射してもビーム光線には2重変調がかけられていて他の光線と識別できる外光補償回路が入っているので誤動作をおこすことはありません。

　ビームの到達距離が100mを越えるセンサもあるので敷地の要所に取り付けておけば数千m²の広い敷地への侵入監視をカバーできます。

図 4-5-3　赤外線防犯センサ製品と敷地外周への設置例

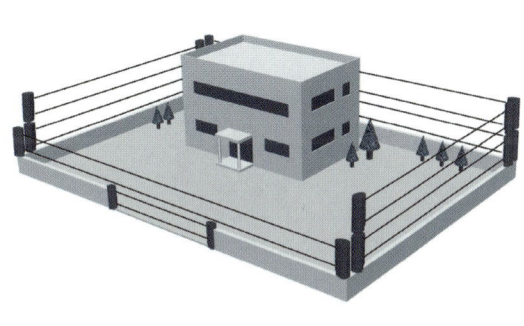

資料提供：竹中エンジニアリング株式会社

●光センサの種類

光センサは、透過型と反射型に分けられます。発光素子には、外乱の可視光線の影響を受けないように赤外光 LED が用いられています。受光素子には、赤外光 LED と同じ波長付近に感度を持つフォトトランジスタが使われます。

・透過型光センサ

透過型光センサは検出対象物が赤外光 LED の光線をさえぎると受光素子回路の出力が変化することにより検出動作を行いますのでフォトインタラプタともよばれています。発光部の赤外光 LED と受光部のフォトトランジスタの間にはギャップが設けられており、光が遮断されるかどうかで物体の有無を検出しますので、検出物体は赤外線を通さないものでなければいけません。

・反射型光センサ

反射型光センサは、検出対象物に赤外光 LED の光線を照射し、その反射光線を受光素子が検出して受光素子回路の出力が変化することにより検出物体の有無を検出する動作を行います。検出物体は、赤外線を反射するものでなければいけません。

表 4-5-1　透過型センサと反射型センサ

	透過型	反射型
説明	発光素子（赤外光LED）、受光素子（フォトトランジスタ）、スリット幅、ギャップ幅。発光部より出た赤外光を、ギャップ部に来た対象物が遮断することにより、物体の有無を検出する。	発光素子（赤外光LED）、受光素子（フォトトランジスタ）。検出対象物に赤外光を当て、その反射光を受光することにより、物体の有無を検出する。
用途	・モータの回転数検出 ・紙送り検出 など	・紙質検出 ・印刷エッジ検出 など

出典：ローム株式会社ホームページ

●透過型光センサの構造

成形された樹脂製ケースに赤外光LEDとフォトトランジスタを対向させて収納していますのでケースインタラプタとよばれています。図4-5-4に断面構造および各部の名称と材料を示します。

図 4-5-4 ケースインタラプタの構造

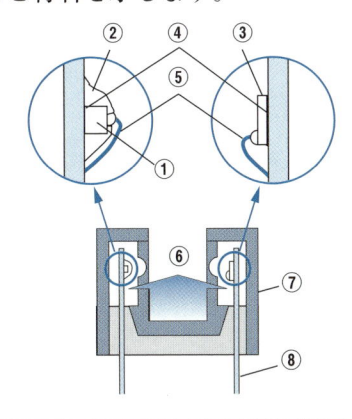

	①	②	③	④	⑤	⑥	⑦	⑧
名称	赤外光LED	（シリコン）	フォトトランジスタ	銀ペースト	金線	モールド樹脂	樹脂ケース	リード
材質	GaAs	（シリコン）	Si	Ag+エポキシ樹脂	Au	エポキシ樹脂	PBT,PCFe	

出典：ローム株式会社ホームページ

●反射型光センサの使用例

検出物体の形状や動きにより回転角度、回転数、移動距離、通過、開閉等の動作、物体のサイズや有無等の検出に使われています。

図 4-5-5 ケースインタラプタの使用例

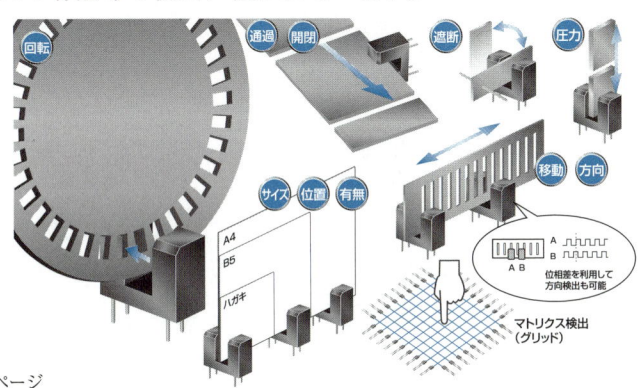

出典：ローム株式会社ホームページ

4-6 赤外光LEDの応用④ 医療分野用途

●赤外線治療器

　赤外線治療器は、近赤外光LEDの光線が細胞活動を活性化させ、身体を温める温熱作用を利用しています。

　赤外線は水分子に運動エネルギーを与え、分子を共振させます。赤外線のエネルギーをもらった水分子は、加速して他の水分子と衝突します。このときの衝突エネルギーの一部が熱となって放射し、物質を内部から温めます。

　身体の肩、背中、腰、胃腸、膝、足先等の部位に赤外線を放射すると身体を構成する水分子の運動が活性化し、細胞の活動も活性化するので体内から温まります。

　図4-6-1に示した赤外線治療器では、患部に光を照射するアプリケータに波長697nmの赤色LEDと波長850nmの近赤外光LEDが112個組み込まれており、パルス変調をかけて点灯させています。

図4-6-1　赤外線治療器の例「プロトライト」

アプリケータ

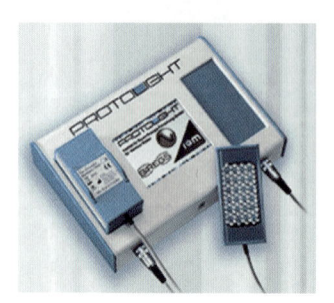

資料提供：
株式会社ウイスマー

●エステ機器

　太陽の光を浴びる日光療法はヒポクラテスの時代から行われてきました。

　太陽光に含まれる赤外線を吸収しやすくするために生物は進化の過程で血液が赤くなったとの説もあります。光線療法の考え方を取り入れてLEDからでる光線をスキンケアに使ったエステ機器の「メガビューティLED L×H」を紹介します。

　ヘッド部分には3種類のLEDが収納されていて、表皮、真皮と皮下組織への働きかけには近赤外線LEDを、真皮への働きかけには赤色LED、黄色LEDを点滅させて肌にあてるとLEDの光パワーで肌を活性化してなめらかに整えてくれるとの説明です。この製品にはマイナスイオンによる汚れの吸着機能、温感効果、マッサージ効果等の相乗効果をねらった機能もついています。

図4-6-2　エステ機器の例「メガビューティLXH」

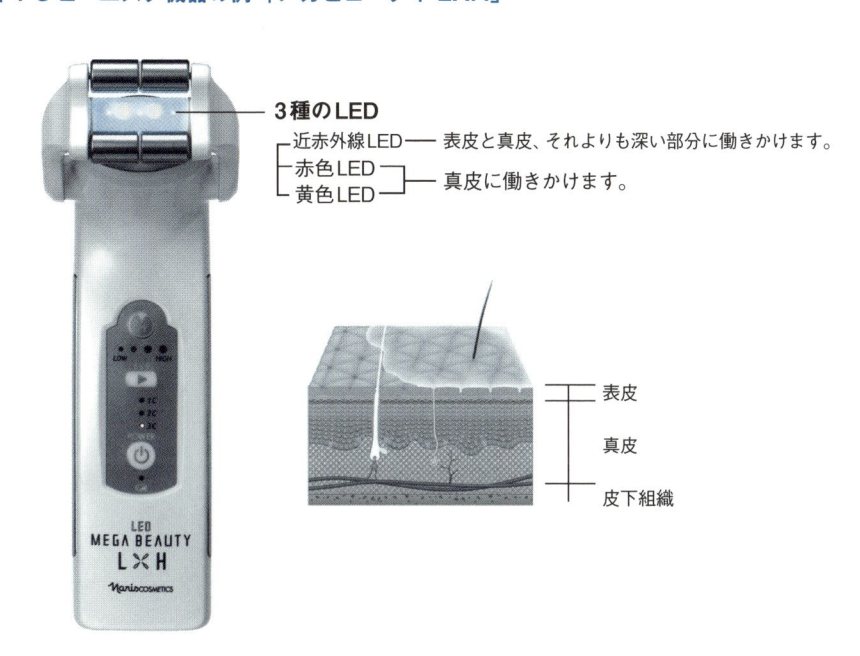

3種のLED
- 近赤外線LED ── 表皮と真皮、それよりも深い部分に働きかけます。
- 赤色LED
- 黄色LED ── 真皮に働きかけます。

表皮
真皮
皮下組織

資料提供：株式会社ナリス化粧品

❕ LED購入のための秋葉原ショップガイド

　いまや秋葉原は、サブカルチャーの街に変身してしまい、昔ながらの電子部品を取り扱うお店は激減してしまいましたが、されど秋葉原、やはり求める部品は秋葉原にあります。LED を扱っている主な 3 店を紹介します。

●秋月電子通商

　とにかく安い。初めての訪問のときにはまず購入したい目的の LED をあらかじめホームページでチェックしてからでかけましょう。ホームページは大分類、小分類合わせて 80 に分けられており、その下に目的の LED が写真入りで紹介されています。部品名をクリックするとデータシートか資料にたどりつけます。100 個とか 500 個の袋入りの激安 LED が多いので友人と共同購入するのもいいでしょう。

　店内は、分類されていますが棚の下までぎっしりと満載なのでわからないときにはベテランの店員さんにききましょう。オリジナルキットも多数発売されています。

　http://akizukidenshi.com/catalog/c/cled/

●マルツパーツ館　秋葉原店

　こちらのお店は品数が豊富で LED も 2,000 点前後あります。ホームページから注文を入れておくとお店で取り置きしておいてもらえるので時間がないときには便利です。ホームページでは半導体のページの上から 6 番目が発光ダイオードの項目です。22 に分類されており、その下に LED と関連製品が掲載されており 1 点から値段が記載されています。秋月電子通商にはなかったメーカものの商品も揃っています。

　https://www.marutsu.co.jp/

●マルカ電機工業秋葉原ラジオデパート店

　秋葉原ラジオデパート 1 階の奥まったところにめざすお店はあります。まぶしいばかりに多くの LED が点灯されているのですぐにわかります。現物が点灯されているので明るさとか点灯したときの雰囲気をつかむことができます。このお店のホームページで LED は光ものに分類されています。配線材やケースなども豊富なので装置全体をまとめたいときには便利です。

　http://www.maruka-denki.co.jp/

　以下は秋葉原で電子部品や計測器などのお店が集中しているバザールのホームページです。ご参考に。

- 秋葉原ラジオデパートのホームページ　http://www.tokyoradiodepart.co.jp/tenpo/
- 秋葉原ラジオセンターのホームページ　http://www.radiocenter.jp/
- 秋葉原ラジオストアのホームページ　http://www.akiba-rs.co.jp/

第5章

紫外光発光ダイオード
(UV-LED)

紫外光LEDは、青色LEDが開発されてから開発された比較的新しいLEDです。
国内でも海外でもUV-LEDメーカーにはベンチャー企業が多いのも特徴です。
発光効率がよく、演色性も向上してきた照明用白色LEDの光源としても
利用されているUV-LEDについて説明します。

UV-LED：UltraViolet Light Emitting Diode

5-1 紫外線の分類

　波長10～380nmの光を紫外線とよんでいます。波長200～380nmを近紫外線とよび、波長が長いほうからUV-A（315～380nm）、UV-B（280～315nm）UV-C（200～315nm）と区分しています。

図 5-1-1　電磁波と紫外線

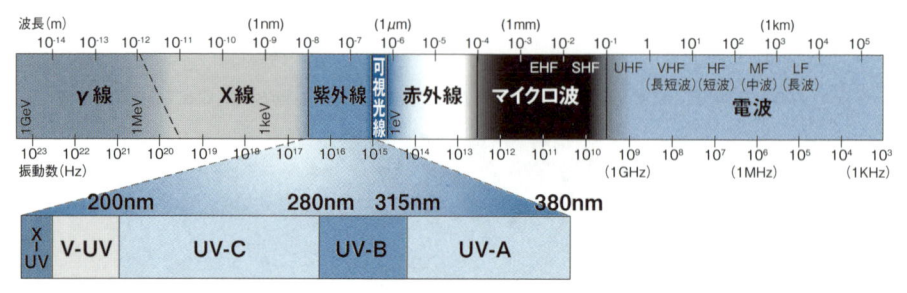

※波長範囲の境界はおおよその値です。

- **UV-A**：315～380nm

　樹脂や塗料、インクの硬化や乾燥に使われています。長時間浴びると皮膚の真皮層のたんぱく質に作用し、しわやたるみを作ります。また、UV-Bによって生成されたメラニン色素を酸化させて褐色に変化させてしまいます。このようにUV-Aを浴びすぎると加齢の原因になります。そのほかには細胞機能を活性化させる作用も持っています。

　太陽光に含まれるUV-Aの5.6％が地表に届きます。

- **UV-B**：280～315nm

　殺菌や消臭用途で使われています。長時間浴びると色素細胞がメラニンを生成します。これが生体の防御反応で、日焼けになります。また、紫外眼炎、白内障などの眼障害の原因になり、特に高齢者では皮膚がんになりやすくなるといわれています。

　太陽光に含まれるUV-Bの0.5％が地表に届きます。

・**UV-C**：200〜280 nm

　プリント基板の露光装置として使われています。生体への破壊力は強力なので危険です。

　太陽光に含まれるUV-Cは途中で吸収されてしまうので地表には届きません。

・**V-UV**：50〜200 nm

　真空紫外線（Vaccum UV）、遠紫外線、とよばれています。フィルム表面の改質装置や有機物の洗浄装置などに使われています。

・**X-UV**：1〜50 nm

　極端紫外線（Ultra UV）、E-UV（Extreme UV）ともよばれています。極端紫外線は軟X線との境界領域にあります。波長13.5nmの極端紫外線は、次世代半導体光リソグラフィ用の光源として注目されています。

※ V-UV、X-UV の波長領域は厳密に定義されているわけではありません。

●気象庁の紫外線観測データ

　気象庁のホームページには紫外線の基礎知識が詳しく解説されています。また、太陽からの地表に到達する紫外線強度の観測データをグラフや表にまとめて掲載しており、随時更新されています。

　主な観測データは、以下の通りです。

・**時刻別グラフ**：棒グラフ表示、毎日更新、観測点は札幌・つくば・那覇
・**日最大値グラフ**：ドット表示、毎日更新、観測点は札幌・つくば・那覇
・**日積算 UV-B 量の月平均・年平均**：表形式、毎月20日ころに更新

　観測点は、札幌・つくば・鹿児島・那覇・南極昭和基地の5か所でその他、日積算紅斑紫外線量の月平均値・年平均値、年積算値、全国の推定紫外線量の色分け全国分布地図表示などで観測結果をみることができます。

　ここで紅斑紫外線量とは、280〜400 nmの紫外線が人体へ及ぼす相対影響度を波長ごとに掛け、積算して求めた量です。

5-2 紫外光LEDの構造と発光動作

　紫外線を発光する紫外光 LED は、UV-LED とも表記されています。
　紫外光 LED は、有機金属化学気相成長法（MOVPE）を使用してサファイア基板上に LED 構造のエピタキシャル層を成長させます。
　図 5-2-1 に GaN 基板上に成長させたチップの断面構造（a）とサファイア基板上に成長させたチップの断面構造（b）を示します。構造（a）ではn電極をチップ下面に、p 電極をチップ上面に設けることができます。一方、構造（b）ではサファイア基板は絶縁体なので下面に電極を設けることができません。そこで n 型 GaN テンプレート層の上面までの一部をエッチングカットして n 型 GaN テンプレート層の上面に n 電極を設けています。
　InAlGaN を活性層とし、In 組成を変化させると発光波長は赤外から紫外まで変化させることができます。発光効率は波長 400～420nm で最大になり、それより長波長側では緩やかに減少し、短波長側の 380nm 以下になると急激に減少します。GaN 系の最短波長は、GaN のバンドギャップ 3.4eV（365nm）であるので、さらに短波長化するために AlN のバンドギャップ 6.2eV[（200nm）を利用した InAlGaN/AlGaN 混晶を活性層に使っています。
　構造（b）を例にとりチップ断面の構成を説明します。サファイア基

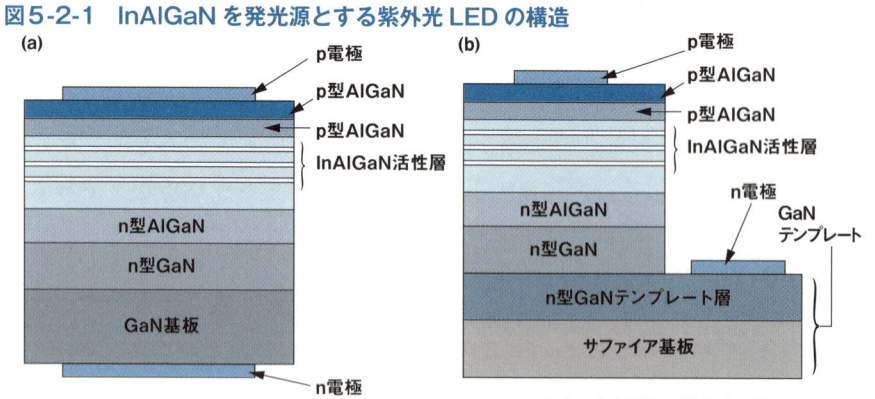

図 5-2-1　InAlGaN を発光源とする紫外光 LED の構造

出典：住友電気工業株式会社ホームページ

板上に順に n 型 GaN テンプレート層、n 型 AlGaN キャリヤ閉じ込め層、InGaN/AlGaN 活性層、p 型 AlGaN キャリヤ閉じ込め層、p 型 AlGaN コンタクト層の順にエピタキシャル成長させて、最後に p 電極を形成しています。

● **紫外光 LED 発光効率劣化の原因**

発光効率が劣化する原因として考えられるのは、380nm より波長が長くなると急激に InGaN 層の組成の不均一が減少し、転位の影響を受け始め、370nm より波長が短い光は、GaN に吸収されてしまうからです。発光効率をさらに向上させるためには、

- **活性層の In 組成の不均一をさらに増大させる**
- **転位密度を低減させる**
- **GaN による光の吸収を低減させる**

などの改善を行うことが必要になります。このような改善を実現するプロセスや半導体材料の研究開発が続けられています。

図 5-2-2　InAlGaN を発光源とする紫外光 LED の発光スペクトル

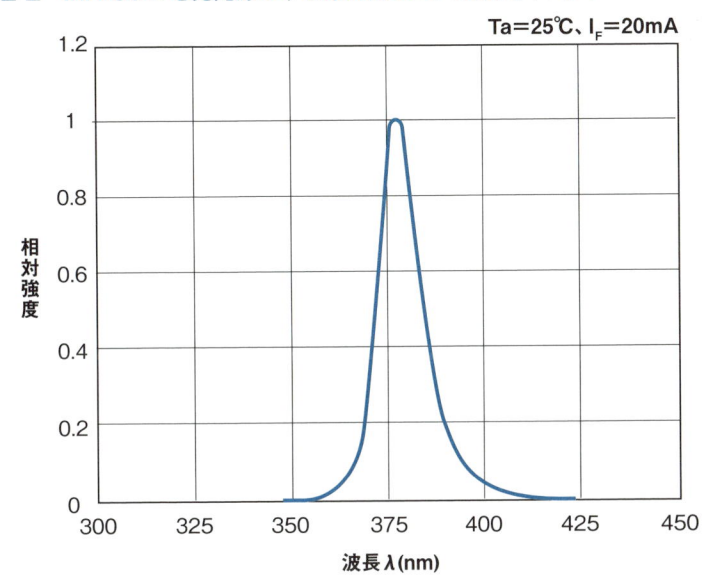

出典：ナイトライド・セミコンダクター株式会社ホームページ

5-3 紫外光LEDの市場性

●紫外光LEDの市場

　紫外光LEDは、照射する紫外線波長に反応して発光するセンサ機能、バイオ分野での化学分析機能や樹脂の硬化、インクの乾燥、滅菌効果など紫外線の持つ特長を生かした広い用途で使われています。また、蛍光体に紫外光LEDを照射し、励起した光を使う照明や大型ディスプレイのバックライトへも進出し市場をひろげています。光出力と市場の広がりを図5-3-1に示します。

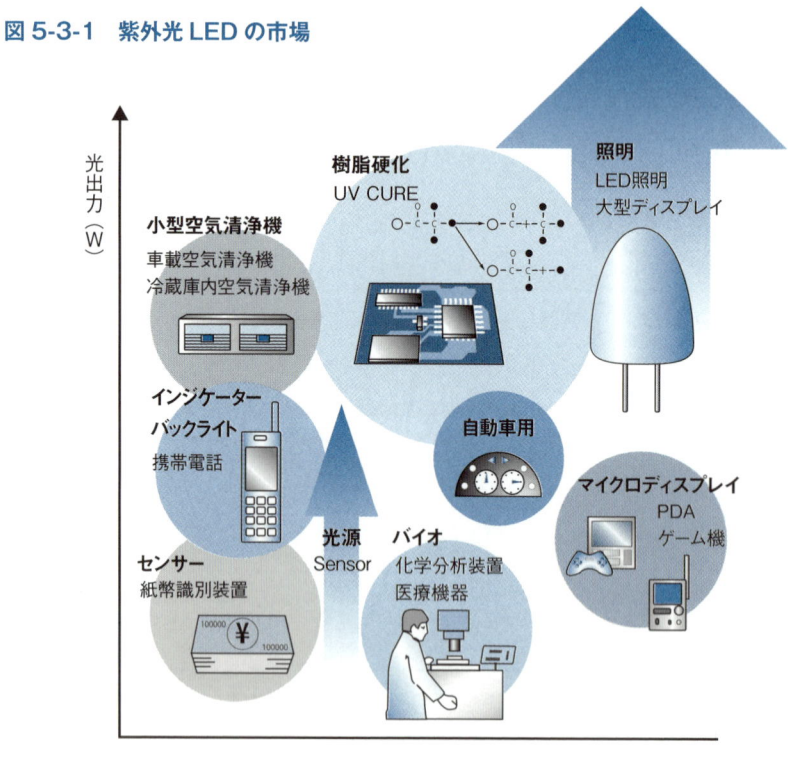

図5-3-1　紫外光LEDの市場

縦軸：光出力（W）

- 小型空気清浄機：車載空気清浄機、冷蔵庫内空気清浄機
- 樹脂硬化：UV CURE
- 照明：LED照明、大型ディスプレイ
- インジケータ・バックライト：携帯電話
- 自動車用
- マイクロディスプレイ：PDA、ゲーム機
- センサー：紙幣識別装置
- 光源 Sensor
- バイオ：化学分析装置、医療機器

出典：ナイトライド・セミコンダクター株式会社ホームページ

●紫外光 LED と紫外線ランプの比較

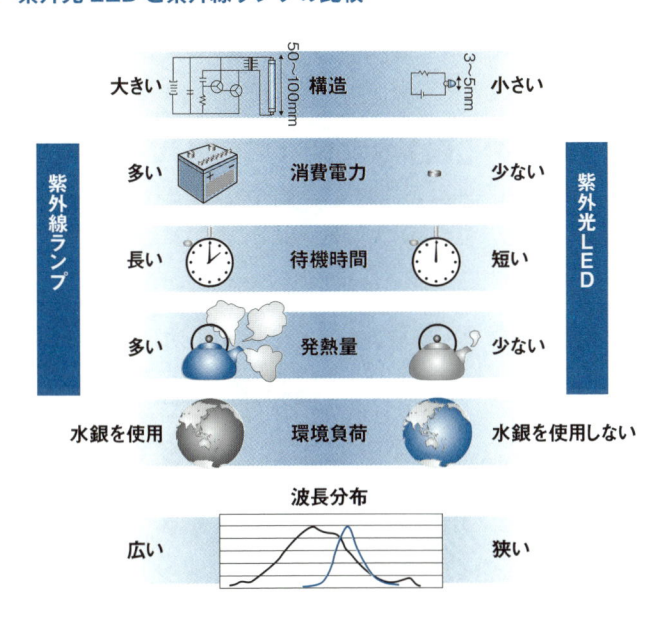

　紫外線ランプを点灯するには安定器か安定化点灯回路が必要になりますので、紫外光 LED の電源より複雑で大きな構造になります。一方、紫外光 LED は、従来使われてきた紫外線ランプに対して消費電力が少ない、待機時間が短い、発熱量が少ない、水銀を使用していないので環境負荷が軽い、寿命が長いといった特長があります。

　出力光線の波長スペクトル分布については、紫外光 LED はピーク波長を中心にした狭い波長分布になります。一方の紫外線ランプは、ピーク波長を中心にして両側になだらかな広い波長分布をしています。使用目的に応じてこのような両者の特長を生かして使い分けることができます。

　また、ピーク波長の異なる紫外光 LED と可視光 LED を組み合わせて光源を構成することにより LED を使っても紫外線ランプに近いスペクトル分布をした光線を得ることができます。

図 5-3-2　紫外光 LED と紫外線ランプの比較

紫外線ランプ		紫外光 LED
大きい	構造	小さい
多い	消費電力	少ない
長い	待機時間	短い
多い	発熱量	少ない
水銀を使用	環境負荷	水銀を使用しない
広い	波長分布	狭い

出典：ナイトライド・セミコンダクター株式会社ホームページ

5-4 紫外光 LED の応用①　光源用途

● UV 硬化のしくみ

　UV 硬化装置は、液体（モノマー）樹脂に紫外線を照射して光重合反応させ、固体（ポリマー）にして硬化させてしまう装置です。水銀ランプ光源方式に比べ紫外光 LED 方式光源は、10 倍以上の長寿命です。さらに紫外光 LED 方式では接着作業時のみの点灯が可能になるのでさらに長寿命化が可能です。また、水銀フリーの安全な環境にもなります。

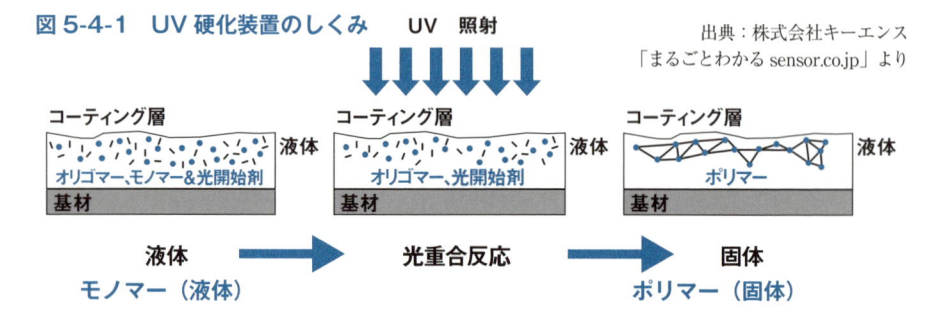

図 5-4-1　UV 硬化装置のしくみ

出典：株式会社キーエンス「まるごとわかる sensor.co.jp」より

●組み立てラインへの LED 方式 SPOT 型 UV 照射器の応用

　LED 方式 SPOT 型 UV 照射器は、レンズの接着、注射針とハブの接着、ラベルシールインクの硬化、モーターマグネットの接着、液晶パネルフィルム

図 5-4-2　LED 方式 SPOT 型 UV 照射器「Aicure UJ35」

資料提供：パナソニック電工 SUNX 株式会社

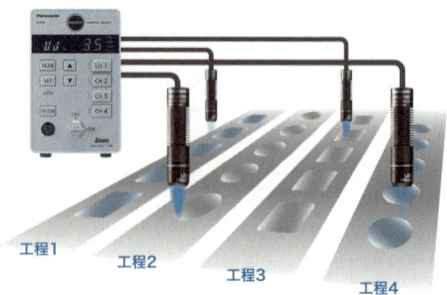

基板の仮止め、電子部品印字インクの乾燥など組み立てラインでスポット状の紫外線をUV硬化樹脂に照射して硬化させる用途に使われています（図5-4-3）。

図5-4-3　LED方式SPOT型UV照射器の応用事例

デジタル家電
パソコン用光ピックアップヘッドのレンズ接着
ヘッド部分のレンズ周辺接着

**デジタルカメラ・携帯電話の
カメラレンズと光学筒の接着**

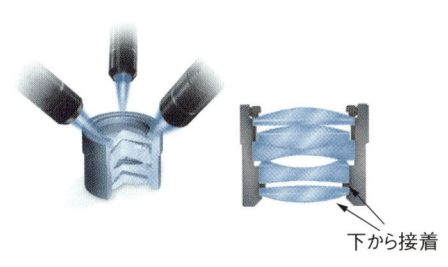

下から接着

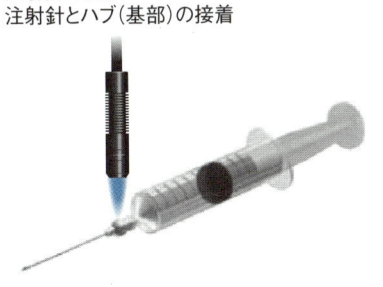

医療機器
注射針の接着
注射針とハブ（基部）の接着

印字・捺印
ラベル・シールのインク硬化
インクの硬化

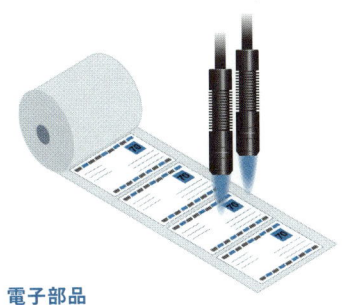

液晶
フィルムディスプレイ基板の仮止め
フィルム基板の仮止め

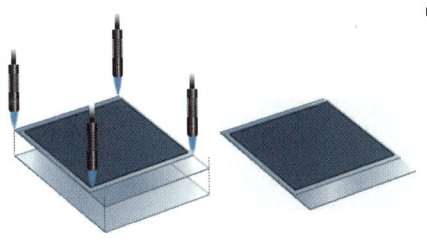

電子部品
電子部品の印字硬化
気密孔封止
品番、ロット番号の印字インクの乾燥

資料提供：パナソニック電工SUNX株式会社

●紫外光 LED 乾燥器

　UV-LED 光を照射すると多量の熱発生をともなうことなく短時間で UV 硬化インク、UV 硬化塗料等の乾燥が可能になります。そこで UV 硬化インクを使う印刷機やインクジェットプリンタではライン型紫外光 LED 乾燥器を搭載する機種が増えています。

　また、紫外線硬化塗料をフィルムや木材等に塗布するラインでは、塗料やインクを被着体にダメージなくかつ速やかに硬化させる目的で紫外光 LED を多数実装した、面発光紫外光 LED 照射パネルが使われはじめています。

図 5-4-5　LED 方式ライン型紫外線硬化装置「Aicure　UD80series」

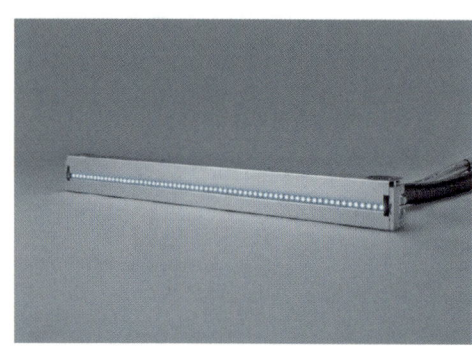

写真提供：パナソニック電工 SUNX 株式会社

図 5-4-6　面発光紫外光 LED 照射パネル

面発光タイプ　　曲面発光タイプ

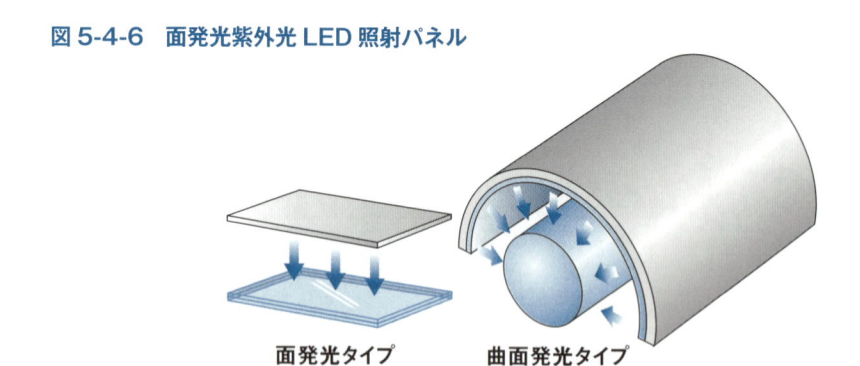

出典：株式会社三ツワフロンテックホームページ

●白色 LED 用光源

近紫外線を RGB 蛍光体に照射、励起して白色光に発光させる光源として近紫外光 LED が使われています。山口大学大学院理工学研究科教授・田口常正教授は、演色性のよい白色光が得られる白色 LED を研究しており、2009 年から厚生労働省（独）医療基盤研究所「高演色・高彩度白色 LED 上部消化管電子内視鏡開発」プロジェクトの研究総括を兼務しました。また、自然光により近い高演色性が要求される表 5-4-1 に示すような用途に対応した白色 LED 照明システムを研究開発する研究所の立ち上げを目指して活動を続けています。

図 5-4-7　近紫外光 LED と RGB 蛍光体を使う白色 LED の構造

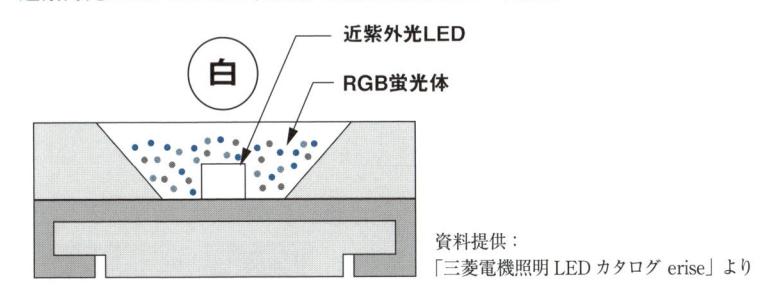

資料提供：
「三菱電機照明 LED カタログ erise」より

近紫外光LED＋RGB蛍光体 ➡ 白色

表 5-4-1　高演色性が求められる白色 LED の用途

・学習机、精密作業の手元照明、オフィス照明
・美術館や博物館における展示品の照明
・ショーウィンドウで空間演出をする照明
・宝石、時計等商品への照明
・ステージの照明
・医療機器、介護機器等が使用される場所の照明
・健康増進、精神安定のための照明

5-5 紫外光 LED の応用② 照明用途

●紙幣の真贋識別

　紙幣の真贋を識別する原理は、紫外光 LED の紫外線を識別対象となる本物の紙幣を照明し、反射光を測定して本物のデータを登録しておきます。

　真贋識別対象の紙幣を照明、測定し、本物の紙幣のデータと照合することにより真贋を識別します。紙幣の UV インクが使われている場所を知っていれば、紫外光 LED ライトをあてて肉眼でもチェックすることもできます。

　日本、米国の紙幣の UV インクで印刷されている部分は、375nm の紫外光 LED を使った紫外光 LED ライトの光に反応して読み取ることができます。また、日本のパスポートを照明すると顔写真の横に紫外線に反応する蛍光物質を含んだ蛍光インクで印刷された顔写真を確認することができます。

図 5-5-1　紫外光 LED ライトの例「LED UV ライト」

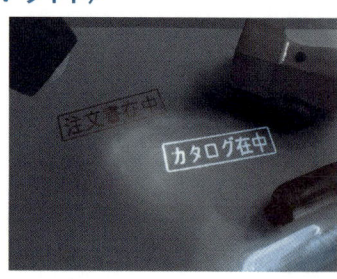

UV 蛍光ペンのインクへの反応

写真提供：有限会社ジェイダブルシステム

● LED ブラックライト照明器

　紫外光 LED を 16 個搭載し、平行に配列した LED ブラックライト照明器の例を図 5-5-2 に示します。本機を使ったブラックライト照明では従来の蛍光灯タイプのブラックライトでは不可能だった調光制御やシンクロ動作、ストロボ動作など多彩な制御が複数台連結しても可能になります。ブラックラ

イト照明で浮かび上がる、日常生活の世界とは違った異次元空間を演出することができるので舞台やボーリングのレーンの照明など活用範囲が広がっています。

図 5-5-2　LED ブラックライト照明器の例「AMERICAN DJ / UV LED BAR16」

写真提供：株式会社サウンドハウス

●水槽の LED 照明装置

　サンゴ、藻、水草の育成に欠かせない紫外線成分の照明に紫外光 LED、白色 LED、青色 LED の 3 種類の LED を採用した水槽の LED 照明装置を紹介します。3 種類の LED は、調光コントローラで独立して調節可能で、水槽内の演出を楽しむことができるようになっています。

図 5-5-3　LED 水槽照明の製品例　「illumagic」

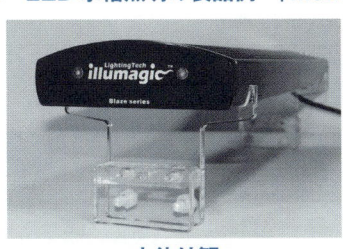

本体外観　　　調光コントローラ

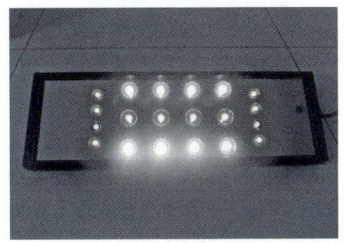

水槽での使用状況　　　点灯状況（小型の 8 個が UV-LED）

写真提供：株式会社ジュン・コーポレーション

5-6 紫外光LEDの応用③ 光触媒との組み合わせ

●光触媒と紫外光LED

酸化チタン（TiO_2）の表面に紫外光LEDの紫外線を照射すると還元力の強い電子と酸化力の強い正孔が生成されます。正孔の酸化力は、水中の水酸化イオンOH^-の電子を奪ってOHラジカルを生成します。OHラジカルは電気的に不安定な状態にあり、安定になろうとして近くにある有機物の電子を奪います。電子を奪われた有機物は、分子結合を断たれて分解し、二酸化炭素（CO_2）と水（H_2O）になります。

このような光触媒の作用を利用して有害有機物質を分解してしまう研究が行われています。

たとえば、病院の手術室の壁や床を酸化チタンでコーティングしておくと、紫外線光源を照射するだけで殺菌処理が可能になります。このような応用は、一部の病院ですでに実施されています。

また、光触媒には超親水性があり、外壁を光触媒で塗装しておくと雨の時に汚れを自動的に流してくれるので、セルフクリーニングできます。

光触媒の機能は、大気浄化、脱臭、浄水、抗菌、防汚に5分類されています。

図5-6-1　光触媒の有機物分解作用

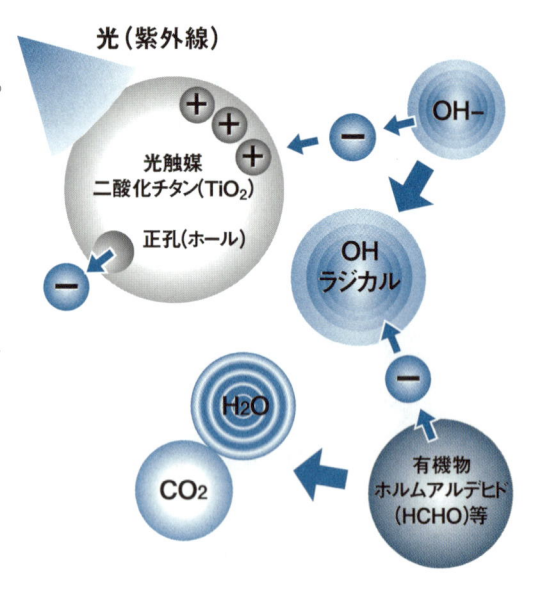

●空気清浄機

　光触媒と紫外光 LED を搭載している空気清浄機や車内消臭装置があります。光触媒の酸化チタンに波長が 380nm 以下の紫外光 LED の光を照射すると臭いの有機物成分を吸着し、水（H_2O）と炭酸ガス（CO_2）に分解して放出します。

　従来は、紫外線ランプが光源に使われていましたが紫外光 LED を使うと小型化が可能になり、紫外線ランプより効率がよく、長寿命で、水銀フリーな環境にやさしい製品にまとまります。図 5-6-2 に光触媒フィルターと紫外光 LED を搭載した空気清浄機の構造を示します。

図 5-6-2　光触媒フィルターと紫外光 LED を搭載した空気清浄機

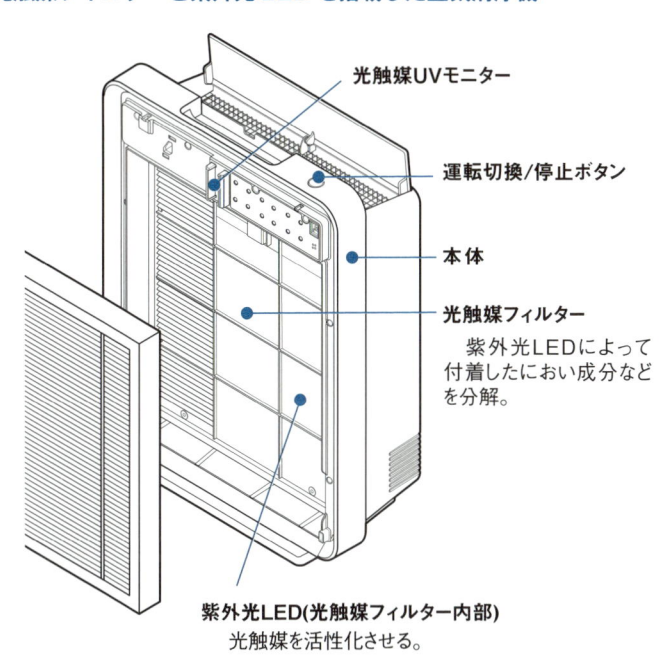

- 光触媒UVモニター
- 運転切換/停止ボタン
- 本体
- 光触媒フィルター
  　紫外光LEDによって付着したにおい成分などを分解。
- 紫外光LED(光触媒フィルター内部)
  　光触媒を活性化させる。

「日立空気清浄機 EP-X30 形取扱説明書」より
資料提供：日立アプライアンス株式会社

5-7 紫外光LEDの応用④ LED式捕虫器

　第3章で紹介した可視光LEDと紫外線ランプを組み合わせたLED式捕虫器に対して、さらに害虫の好む臭いと紫外光LEDとの組み合わせで誘引効果を高めた製品「LEDキャッチャー」を紹介します。

　昆虫の複眼は六角形の個眼から構成され、視覚の発達した昆虫では個眼数が4千個から3万個もあり、物の形を見分け、色を識別することが可能です。単眼は複眼の働きを助けるほか色覚を持つものもあります。人間が見ることのできる可視光の色と昆虫の見る色にはズレがあり、昆虫は波長の短い色によく反応し、人間には見えない紫外線に反応して誘引されるのが特徴です。

　多くの花では蜜のある部分から紫外線が出ており、訪花性の昆虫は人間の眼に見えない蜜から出ている紫外光線をはっきり見ることができるのです。

　昆虫の走光性反応を利用した害虫防除は、昔から行われており、光源には松明、かがり火、行灯、ランプ、電球が使われてきました。1940年代に入り、稲の害虫「ニカメイガ」は330〜400nmの紫外線に最適誘引波長を持つことがわかり、青色蛍光灯が完成しました。現在、紫外線や近紫外部の波長を効率よく出す高圧水銀灯やブラックライトが使用され、誘引された害虫を粘着シートテープに捕獲してしまう器具が製品化されてきました。

図 5-7-1　紫外線と害虫

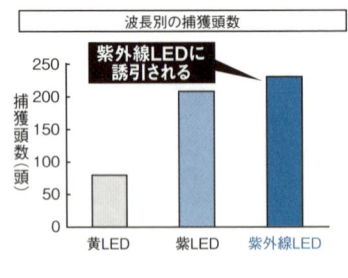

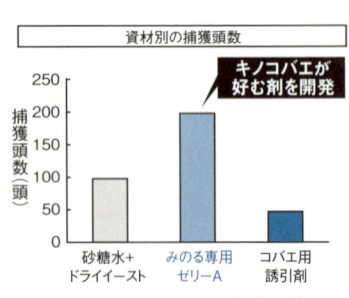

一方では、走光性の昆虫を強く誘引する紫外域の成分を照明光源からカットしてしまい、室内への誘引を防ぐ方法が食品工場などで有効に使われています。窓ガラスに防虫コーティング剤を塗布したり、紫外線カットフィルムを窓ガラスに貼るといった処理により「虫には見えない光」にしてしまおうという作戦です。最初から紫外線を含んでいないLED光源を照明に使うのも有効な方法です。

LEDキャッチャーの各部の名称と構成を図5-7-2に示します。固形化させた乳酸発酵液のゼリーを本体の底に取り付けます。

図5-7-2　LEDキャッチャーの構造と各部名称

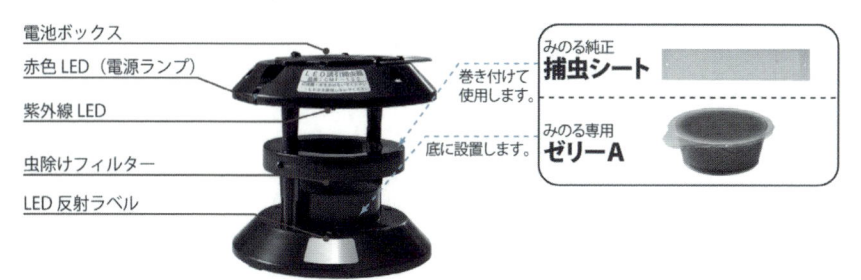

シイタケ栽培施設の菌床の近くに設置されて菌床やきのこを食いあらすナガマドキノコバエの捕獲に使われている状況を図5-7-3に示します。捕獲シートは、本体の外周に巻きつけます。乾電池式なので電源配線が不要となり、栽培棚の近くに設置できるので捕獲効果をあげることができます。

図5-7-3　LEDキャッチャーの使用状況
　　　　　（兵庫県シイタケ栽培施設）

資料・写真提供：みのる産業株式会社

⚠ LEDを使った工作キットの紹介

　手軽にLEDを楽しむための工作キットはお遊びキット、学習キット、実用キットなど色々なレベルのものが販売されており、購入ルートもいろいろです。3つの購入ルートのそれぞれ代表的な製品を紹介します。

●エレキット（東急ハンズやDIYのお店で購入）
『はこアニメ（JS-625）』
4個のLEDを順に点灯して紙に書いたイラストを表示し、アニメ化します。
　　http://www.elekit.co.jp/product/4a532d363235
『デカデジクロック(BT-828-R)』
96個の赤色LEDを使ったケース入りのAC駆動のデジタルクロックです。
　　http://www.elekit.co.jp/product/4a532d363236
『ソーラーハウス（JS-G5001）』
太陽電池で発電した電力で模型のハウス内をLEDで照明します。ソーラーガーデンもあります。　　https://www.elekit.co.jp/product/4a532d4735303031

●大人の科学（書店ルートで購入）
『No.27　8ビットマイコン＋光残像キット』
7個の回転するLEDをマイコンで制御し、人間の眼に簡単なメッセージや時間を知らせます。　　http://otonanokagaku.net/magazine/vol27/index.html
『No.15　紙フィルム映写機』
投影する光源に豆球が使われていますが高輝度LEDに改造する方法が紹介されています。　　http://otonanokagaku.net/magazine/vol15/pdf/No15film.pdf
『No.18　風力発電キット』
風力発電された電力でLEDを点灯して楽しむキットです。
　　http://otonanokagaku.net/magazine/vol18/description.html

●秋月電子通商（店頭か通販で購入）
『PIC16F57マイコンデジタル時計キット Ver.3(卓上型)（K-01996）』
1.1インチ7セグメント赤色LEDを4個使ったマイコンデジタル時計です。
　　http://akizukidenshi.com/catalog/g/gK-01996/
『32×16LED電光掲示板用拡張表示ユニット（K-3735）』
H8マイコンで32×16のLEDを制御して1,000文字種を表示可能な電光掲示板です。
　　http://akizukidenshi.com/catalog/g/gK-03735/
『1.5V電池☆白色LED投光キット（K-00192）』
乾電池1本で110カンデラの白色LED1個を昇圧回路で点灯する投光器です。
　　http://akizukidenshi.com/catalog/g/gK-00192/

第6章

半導体レーザ
(LD)

ビデオプロジェクターを使った講演やプレゼンテーションでは
赤や緑の半導体レーザを使ったレーザポインターがよく使われています。
これは、レーザ光線の拡散せずに直進する性質を利用したものです。
このようなLEDの仲間の半導体レーザについて説明します。

LD：Laser Diode

6-1 レーザ光の歴史と半導体レーザの発光原理

●レーザ光・50年間の歴史

　レーザ光（LASER）は、アインシュタインが予言をした「光の誘導放出」を基本原理として研究開発が進められてきた、レーザ発振器が作る指向性や収束性に優れた人工の光です。レーザの研究は、1950年代に入り急速に進みました。

　1957年に西澤潤一博士が今日のLDの原型となる半導体メーザについて特許を出願しています。1958年には、ショーロウとタウンズがレーザを着想し、特許を申請しています。

　1960年に米国ヒューズ研究所のメイマンがルビー結晶によるレーザ発振を成功させました。これを記念して2010年にはレーザ誕生50周年行事が世界の各地で行われました。

　1962年にはGE、IBM、イリノイ大学、MITの4か所の研究機関からLDを開発したとの発表がありました。当時のLDは、動作させるために窒素冷却が必要で、しかもパルス発振しかできませんでした。ダブルヘテロ構造をしたLDを1963年にクレーマーが提案しましたが、実用化されたのは1970年になってからでした。ベル研の林巖雄博士とロシアのアルフェロフによって、ダブルヘテロ構造をした常温で連続発振ができるLDが開発されました。

　1980年にはレーザディスクが発売されています。1982年には光ピックアップにLDを使ったコンパクトディスク（CD）が発売されています。この後LDは光ディスクの発展とシンクロして開発が進んできました。CDが発売されてわずか数年でLPレコードは淘汰されてしまいました。

　1996年にDVDプレーヤが発売されるとレーザーディスクやVHSなどのビデオ機器は淘汰されていきました。2003年にBlu-ray Discが発売され、現在はDVDが淘汰されつつあります。このようにしてレーザ光がこの世に現れて50年、光ディスクが登場してから30年の間にめざましい進化をとげてきました。

LDの応用分野は、高出力化や性能向上、ファイバーレーザの登場により光通信分野、複写機、プリンタ等の印写分野、手術、止血、治療等の医療分野、刻印、切断、溶接等の加工分野など広範囲にわたっています。さらにLDは、量子ドットレーザ（QD）へと進化しつつあります。

● LDの発光原理

レーザ光は、光の共振と増幅による発振原理を利用しています。光の共振も増幅も誘導放出（光が位相を整えて放射される原理）によって可能になります。すなわち共振、増幅、誘導放出の3つがレーザ光発生のキーワードになります。

ダブルヘテロ構造をしたLEDとLDの構造の違いは、LDでは活性層の両側面が屈折率の違いから反射鏡になっている（へき開面）ことです。また、活性層とクラッド層との間でも屈折率の違いにより全反射してクラッド層へ光が漏れにくい構造になり、レーザ発振に必要な高エネルギー軌道の電子の数が低エネルギー軌道の電子の数より多い反転分布の状態になっています。このふたつの構造により図6-1-2に示すファブリ・ペロー共振器が構成され、光は活性層に閉じ込められ、共振し、誘導放出を繰り返すうちに光が増幅されレーザ光として外部に放出されます。

図6-1-1　半導体レーザの発光原理

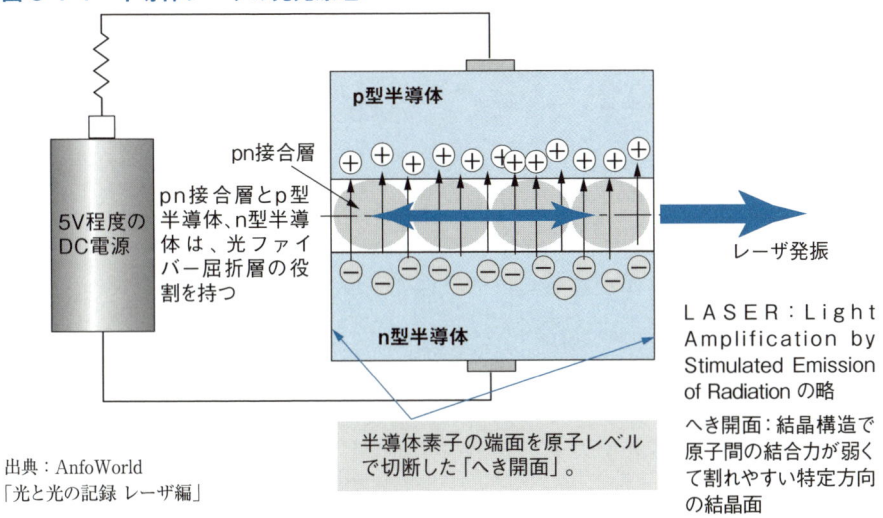

LASER：Light Amplification by Stimulated Emission of Radiation の略

へき開面：結晶構造で原子間の結合力が弱くて割れやすい特定方向の結晶面

出典：AnfoWorld
「光と光の記録 レーザ編」

図 6-1-2　ファブリ・ペロー共振器　　　　　出典：AnfoWorld「光と光の記録 レーザ編」

へき開面
原子レベルの端面（ファブリ・ペロー共振器を形成）

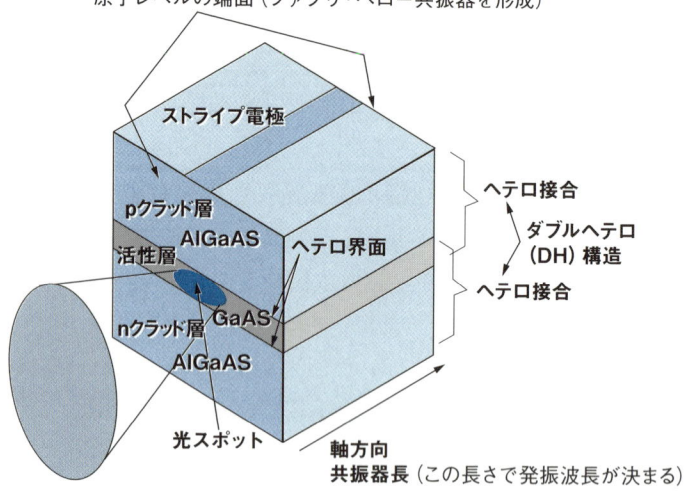

ストライプ電極
pクラッド層 AlGaAs
活性層 GaAs
ヘテロ界面
nクラッド層 AlGaAs
光スポット
軸方向
共振器長（この長さで発振波長が決まる）

ヘテロ接合
ダブルヘテロ(DH)構造
ヘテロ接合

●ファブリ・ペロー共振器

　外部からエネルギーをもらって電子が励起し、それが種火によって元の状態（基底状態）に戻るときにエネルギーを放出し、さらに波長の揃ったエネルギーを放出するのがレーザですから、レーザが発振するキャビティ（媒質）は、この条件を満足していなくてはなりません。外部からエネルギーを受けて特定の波長だけを放出する元素や分子とそのような材料を探すことからLDの開発は行われてきました。図6-1-2に示すLDではガリウムにヒ素をドーピングしたGaAsがキャビティになっています。

　図6-1-1を見ると、電子の流れは下から上に流れ、その流れに応じて直角方向にレーザ光が誘導されるのがわかります。誘導放出された光は、半導体素子の真ん中の活性層に閉じこめられて、その両側のpクラッド層とnクラッド層で全反射し光が充満し、両端のへき開面でキャビティを作ってレーザ発振が行われます。

　この構造は、光ファイバーの光導波と極めて似ていて、活性層とクラッド層の屈折率の違いによって光の全反射条件を作っています。このような構造をファブリ・ペロー共振器とよんでいます。

● LDのレーザビーム形状（NFPとFFP）

　LDのビームを見てみると円錐状に広がっています。このビーム形状は、LDがマッチ箱のような結晶形状になっていることからきています。

　理想的なLDの構造は、丸形形状で、中心部に丸形のコア部（活性層）があり、その回りを丸形のクラッドで覆っている光ファイバーのような形状です。この形状にすると効率のよいレーザ動作が可能になり、レーザ光も真円となります。しかし、現実のLDは、半導体結晶成長（エピタキシャル成長）させて作られているため丸形の結晶構造を作ることはできないのです。

　半導体製造工程では、縦方向は、原子レベルに近いnmレベルの制御をして構造を構築できるのに対し、横方向は、μm（ミクロン）オーダの制御になってしまうので、横長のマッチはこのような構造になってしまうのです。

　LDのレーザビームを表す言葉に、NFP（Near Field Pattern）とFFP（Far Field Pattern）があります。NFPとは、半導体レーザ出力端面近傍での光スポット形状を表した言い方です。これに対して、FFPは、レーザ出力部から数cm以上離れた位置で計測されるレーザ光の形状とその強度分布を示します。NFPのパターンに対してFFPのパターンは90°ねじれた楕円形になっています。これはLD出口でうける回折によるものです。

図6-1-3　ビーム形状NFPとFFP

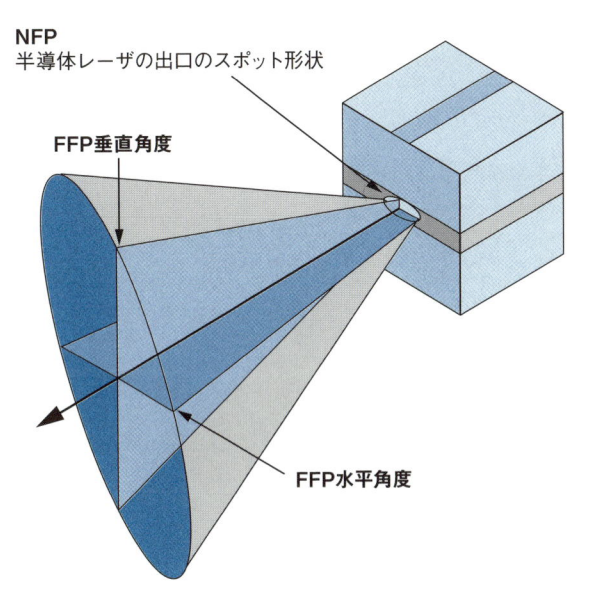

出典：AnfoWorld「光と光の記録 レーザ編」

6-2 発光レーザの発光面と製造工程

　LDには、外部への発光面がハーフミラーになっている端面となる端面発光レーザ（EEL）と垂直方向の上面もしくは下面から発光する面発光レーザ（VCSEL）に分けられます。構成例を図6-2-1および図6-2-2に示します。

図6-2-1　端面発光レーザ（EEL：Edge Emitting Laser）

出典：ソニー株式会社ホームページ
「レーザ入門／用語解説」より

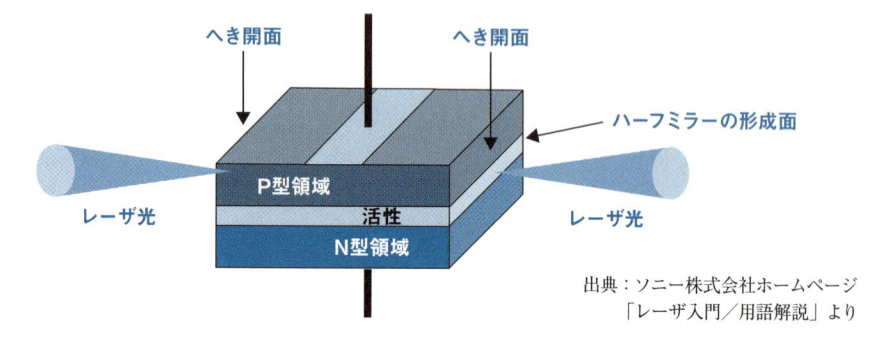

図6-2-2　面発光レーザ（VCSEL：Vertical Cavity Surface Emitting Laser）

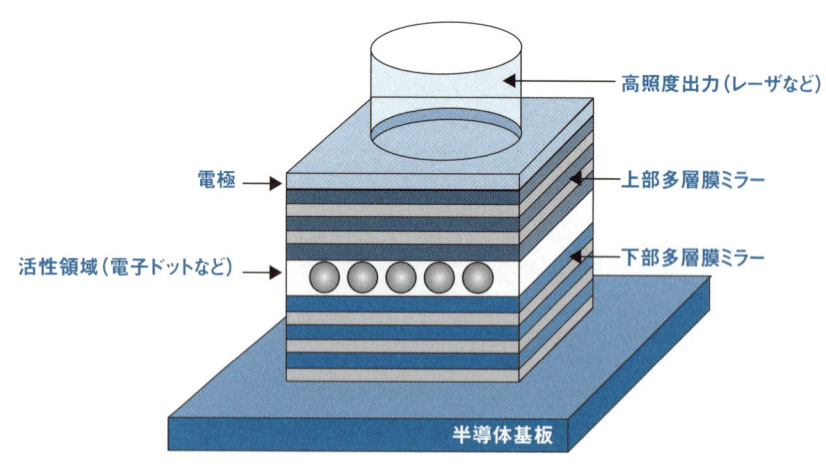

図提供：情報通信研究機構・山本直克ほか

●面発光レーザ研究開発の歴史

面発光レーザは、東京工業大学学長・伊賀健一教授が1977年3月22日に着想し、研究を進められて1988年には連続発振が、1993年には室温で連続発振ができるようになりました。その後、世界的に研究開発が進められた結果、大容量並列光ファイバー伝送用VCSELアレイが実用化されるまでに至っています。

● LDの製造工程

LDの製造工程は、図6-2-3に示すようにガリウムヒ素（GaAs）基板にエピタキシャル成長させてクラッド層と活性層を結晶成長させるエピタキシ工程、ストライプ形状をした電流注入領域を形成し、その上にストライプ電極を蒸着し、端面をへき開して、そのへき開面をコートするまでのウェーハ工程、切断分離されたLDチップをフォトダイオード（PD）が搭載されているシリコン上にマウントしてLOPを形成し、パッケージにマウント、気密封止し、特性をテストする組立・テスト工程の3つに大きく分かれています。

図6-2-3　LDの製造工程

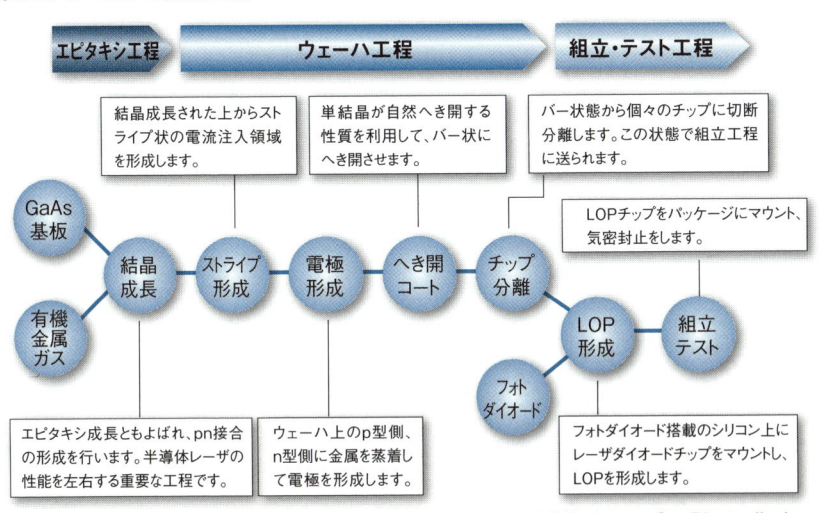

LOP：Laser On Photodiode

出典：ソニー株式会社ホームページ「レーザ入門／用語解説」より

6-3 光ディスク記録、再生装置

　LDは、光ディスクの再生装置の読み出しピックアップ、記録装置の書き込みピックアップに使われています。CDでは780 nm（赤）、DVDで650 nm（黄）、BD（Blu-ray Disc）で405 nm（青紫）のLDが光ピックアップとして使われています。BD、DVD、CDの3方式の主な仕様を表6-3-1、図6-3-1に示します。

表6-3-1　光ディスクの仕様比較

方式（単位）	BD	DVD	CD
波　長（nm）	405	650	780
開口数	0.85	0.6～0.65	0.45～0.53
透過層（mm）	0.1	0.6	1.5
トラックピッチ（μm）	0.32	0.74	1.6
最小ピッチ長（μm）	0.15	0.4	0.8
単層容量（GB）	25	4.7	0.7

図6-3-1　レーザー光の波長とNAカバー層の厚みの比較図

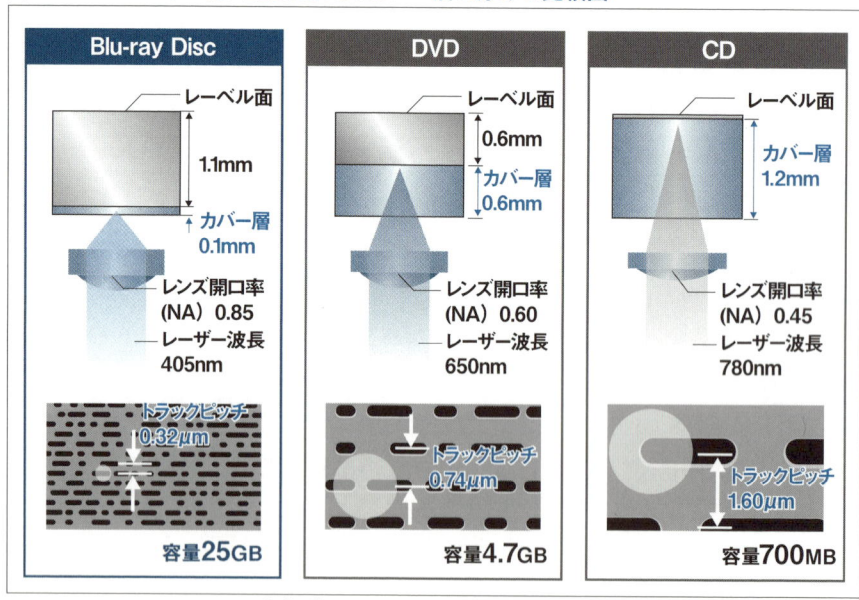

Blu-ray Disc
- レーベル面
- 1.1mm
- カバー層 0.1mm
- レンズ開口率（NA）0.85
- レーザー波長 405nm
- トラックピッチ 0.32μm
- 容量25GB

DVD
- レーベル面
- 0.6mm
- カバー層 0.6mm
- レンズ開口率（NA）0.60
- レーザー波長 650nm
- トラックピッチ 0.74μm
- 容量4.7GB

CD
- レーベル面
- カバー層 1.2mm
- レンズ開口率（NA）0.45
- レーザー波長 780nm
- トラックピッチ 1.60μm
- 容量700MB

出典：「パナソニックのブルーレイ総合サイト」http://panasonic.co.jp/blu-ray

●光ディスクと光学系

　光ディスクは、表面の保護膜に UV 硬化樹脂が使われています。そこで BD が使っている波長より波長の短い光では紫外線と重なって UV 硬化樹脂に吸収されてしまうため、使用できないのです。このため BD が家庭用光ディスクの究極の形になると思われます。BD では、トラックピッチを DVD の約半分となる 0.32μm に縮小しています。また、高開口数レンズと短波長レーザ（405nm）を使うことによって最短ピット長を 0.14μm 前後に縮小でき、高密度なデータの読み書きを実現しています。

　レンズの開口数 NA（Numerical Aperture）は、$NA = n \sin\theta$ の式で表されます。n は屈折率で、空気中では 1 となります。NA が大きくなると入射角 θ も大きくなり、より小さなスポットに絞り込むことができます。

●光ピックアップ

　3 方式の光ディスクを 1 台の光ディスクプレーヤで再生できるように 2 個の LD（CD、DVD 兼用 LD と BD 用 LD）を使う方式と 3 個の LD（CD 用 LD、DVD 用 LD、BD 用 LD）を使う方式の光ピックアップが製品化されています。図 6-3-2 には前者の製品例を示します。

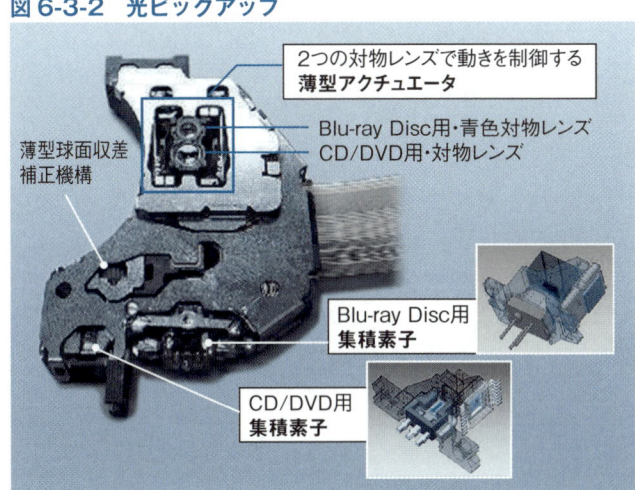

図 6-3-2　光ピックアップ

出典：「パナソニックのブルーレイ総合サイト」http://panasonic.co.jp/blu-ray

6-4 2Dプリンタと3Dプリンタ

●2Dプリンタ、複写機、複合機

　レーザビームプリンタ（LBP）や複合機のコピーモードではスキャナのデータで、プリンタモードではパソコンなどから送られてくるデータでLDの光を制御します。工程1では、あらかじめ帯電ローラで感光ドラム表面を均一にチャージします。工程2ではLD光がポリゴンミラーで走査されて感光体ドラム面上をレンズ系を介して露光し、潜像を形成していきます。潜像は、工程3の現像シリンダから送られてくるトナーを選択吸着して現像し、像が形成されます。感光体面上に現像された像は、工程4で紙へ転写ローラで転写されます。工程5の定着フィルムで熱と圧力で定着されて外部へと排紙されます。感光ドラム面に残ったトナーは、工程4のブレードでかきとられて廃トナーBOXに回収されます。

図6-4-1　レーザビームプリンタの構造例と印刷プロセス

レーザダイオード
ポリゴンミラー
一体型カートリッジ
中間転写ベルト
レンズ系
定着ベルト
転写パッド

❶ 1.帯電
感光ドラム表面にマイナスの静電気を帯びさせる。

❷ 2.露光
レーザ発振器から出るレーザ光が感光ドラム上を走査して画像データ（静電潜像）を描く。レーザ光が照射された部分はマイナスの静電気が消滅。

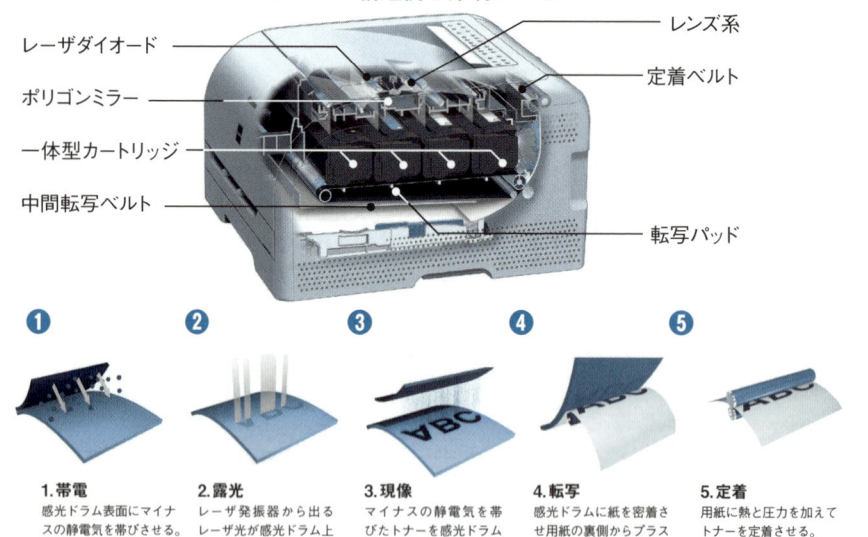

❸ 3.現像
マイナスの静電気を帯びたトナーを感光ドラムに近づけると、静電気を失った部分にだけトナーが付着する。可視像ができる。

❹ 4.転写
感光ドラムに紙を密着させ用紙の裏側からプラスの電荷を与えるとトナーが用紙に付着。

❺ 5.定着
用紙に熱と圧力を加えてトナーを定着させる。

資料提供：キヤノン株式会社

● 3Dプリンタ

　3Dプリンタは、光造形装置ともよばれ、レーザ光を照射すると硬化する光造形用樹脂を使って造形します。パソコンで作成した3次元データに基づいてレーザ光を樹脂槽に入った光造形用樹脂の液表面に照射し、造形物の根に相当する部分をプラットフォームとよばれる金属板上にまず成長させておきます。プラットフォームをゆっくりと吊上げて根に連続した樹脂を造形データに基づいてレーザ光で硬化させながら、目的の造形物を樹脂槽から取り上げていくのが吊上げ方式です。造形が終了したら根に相当する部分をプラットフォームから切りはなして切り取り面を仕上げれば完成です。

　図6-4-2左下にDIGITALWAX　DW028で光造形した作品例を示します。

図6-4-2　3Dプリンタ「DIGITALWAX DW028」と吊上げ方式のしくみ

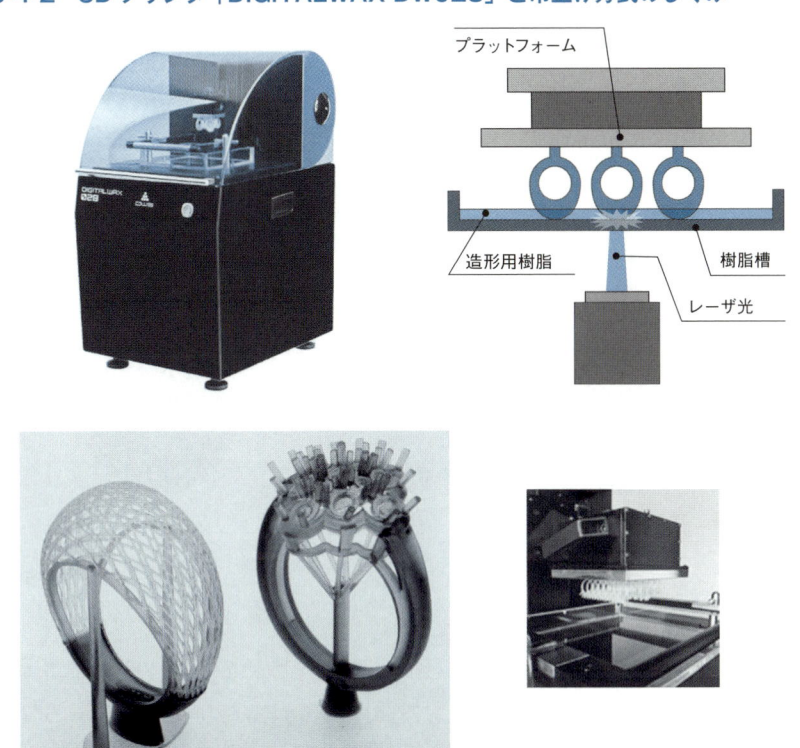

資料提供：シーフォース株式会社

6-5 レーザポインターと測量機器

レーザ光の直進性を利用した製品にレーザポインターと測量機器があります。

●レーザポインター

ビデオプロジェクターを使ったプレゼンテーションや学会発表で説明箇所を指し示すのに活躍するのがレーザポインターです。ポイントパターンをポイント、ライン、サークルなどに切り替える機能や画面送りや戻しなどのリモコン機能がついた多機能なレーザポインターもあります。

図6-5-1 レーザポインター外観とポイントパターン

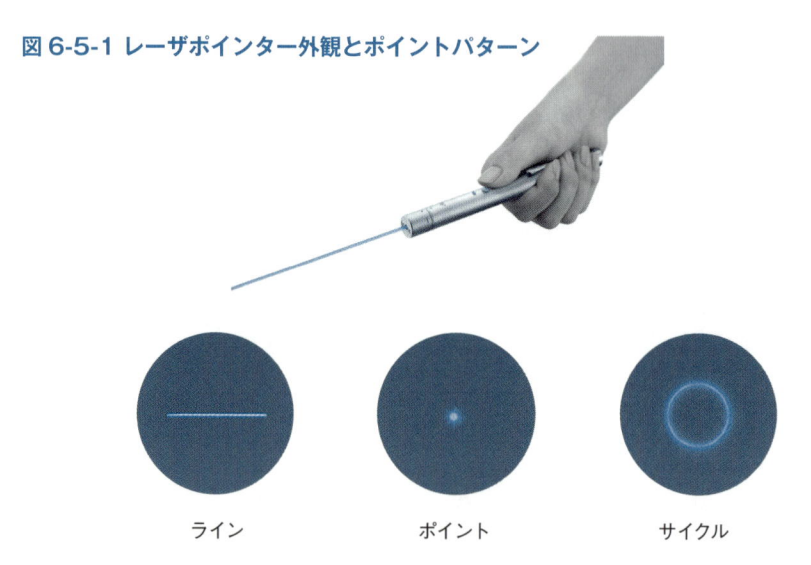

| ライン | ポイント | サイクル |

写真提供：コクヨS&T 株式会社

●レーザ測量機器

建物の柱の中心線や床・壁の仕上げ面の位置測定などの作業に必要となる基準線をレーザ光線を投射して構造体面などに引いたり、寸法を取る作業には、波長630nm付近の赤色LDや波長530nm付近の緑色LDを使った「レーザ墨出し器」が使われています。また、内装工事から基礎工事、配管埋設工

事、土木工事といった水平出しが必要となる現場ではLDを使った「レーザ水平出し器」が受光器とのペアで使われています。

図 6-5-2
レーザ墨出し器「LX32」
（ラインレーザー）

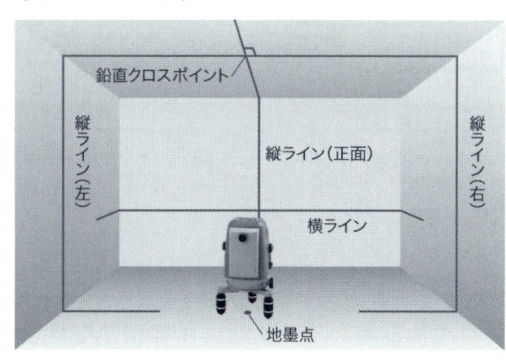

鉛直クロスポイント
縦ライン（左）
縦ライン（正面）
縦ライン（右）
横ライン
地墨点

図 6-5-3
レーザ水平出し器と主な用途

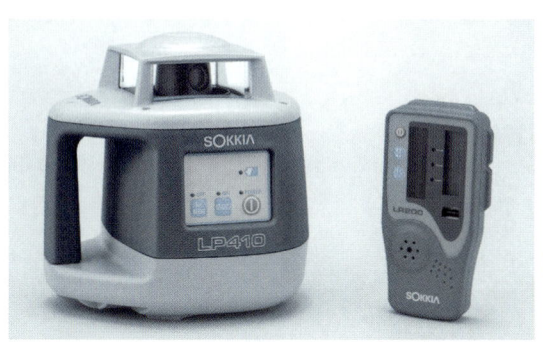

「LP410」

内装工事
基礎工事
排水溝
大規模建築・建設

資料提供：株式会社ソキア・トプコン

6-6 医療分野へのLD応用

　LDの医療分野への応用として半導体レーザ治療器と半導体レーザメスを紹介します。

●半導体レーザ治療器

　半導体レーザ治療器は、生体に熱変性を与えないレベルの低出力レーザ光を照射し、光作用による血流改善や神経の興奮制御などにより痛みを和らげます。臨床的には、
- 関節炎、打撲、捻挫、リウマチ
- 筋性頭痛、三叉神経痛、後頭神経痛
- 肩こり、五十肩、背痛、腰痛

などの痛みの治療に使われています。

図6-6-1　低出力レーザの効能

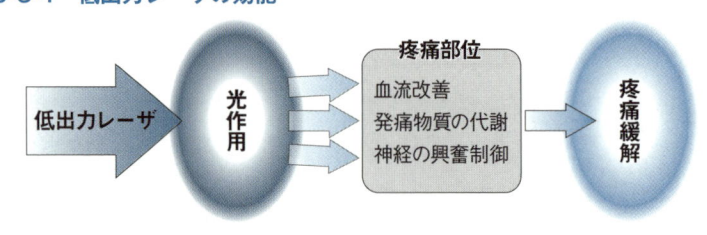

図6-6-2　半導体レーザ治療器の例「メディレーザ ソフトパルス10」

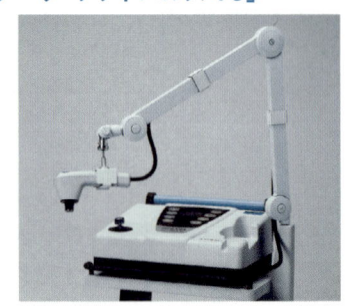

資料・写真提供：持田シーメンスメディカルシステム株式会社

●半導体レーザメス

　歯科医を中心に、口腔内の生体組織の切開、止血、凝固および蒸散用途に半導体レーザメスが使われています。レーザープローブの光ファイバーのコア径は、200、300、400、600μmから用途により選択でき、光ファイバーの先端には石英かサファイアの症例に適したチップを装着できます。チップ先端から中心波長810nmのレーザー光を0.1～3Wの範囲で0.1w毎可変して出力照射できます。半導体レーザにはGaAlAsのLDが使われています。

図6-6-3
半導体レーザメス製品の例
「オサダライトサージスクエア」

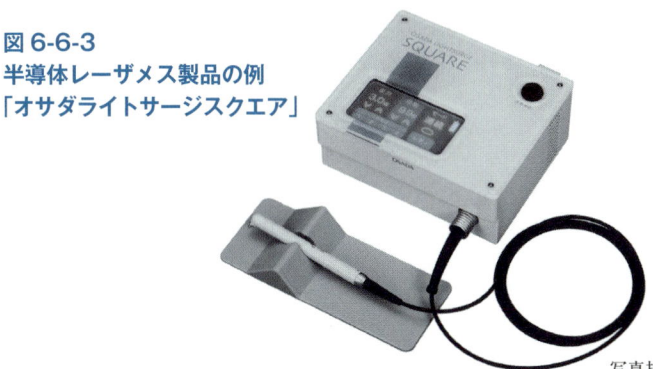

写真提供：長田電機工業株式会社

　半導体レーザ光線は生体組織透過型なので組織表面吸収型の炭酸ガスレーザより深い皮下組織まで届けることができます。また電気メスに比べて炭化層が少なく、組織深部への影響も少なくできますので治癒が早くなります。手術後の疼痛が少ないのも特徴です。半導体レーザは軟組織の止血、切開、凝固に、Er:YAGレーザは硬組織のアブレーションに適しています。

図6-6-4　手術後の組織像の例

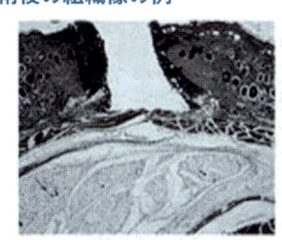

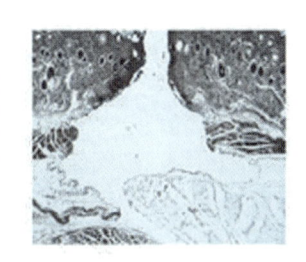

半導体レーザ　　　　　電気メス

出典：長田電機工業株式会社ホームページより　http://www.osada-electric.co.jp/dental/products/sinryou/osl_s_2.html

6-7 印刷分野へのLD応用

●ディジタル製版機

　オフセット印刷機に使用する刷版は、従来はまず編集されたページのフィルムを作成した後に、フィルムから焼き付けて作成していました。現在は、DTPから直接、刷版（Plate）を作成するCTPが主流になっています。

　CTPシステムで刷版作成に活躍しているのがディジタル製版機です。下に示したディジタル製版機では、パソコンでDTPされた出力をダイレクトに刷版にすることができます。図6-7-1に示す製品では、波長780nmのLDでマスターペーパーの刷版に解像度1200dpiで直接描画し、湿式微粒子トナーで現像しています。

図6-7-1　ディジタル製版機の例「ELEFAX　LP-520e」

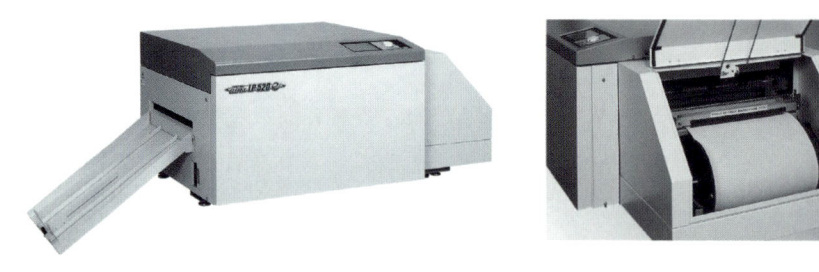

CTPシステムの構成例

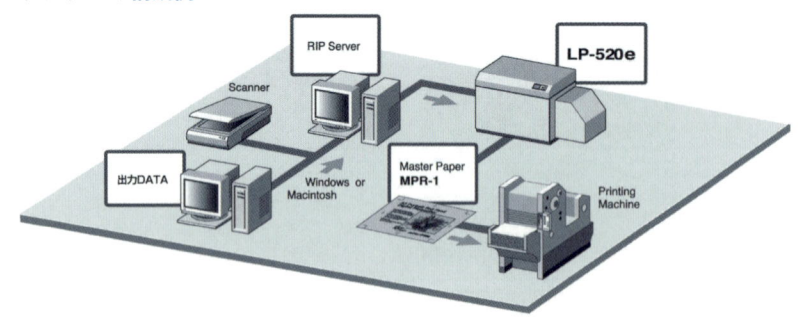

資料提供：岩崎通信機株式会社

CTP：Computer To Plate

●レーザプロッタ

プリント基板のパターンを基板に露光するフィルムを作成するプロッタです。

プリント基板は、実装するLSIパッケージの大型化、高密度化にともない、パターンの高精細化の要求が高まっています。CADデータをフィルムに描画する光源に半導体レーザを採用することにより、パターンの高精細化、高速描画を実現しています。また、メンテナンス期間が長くなるのでランニングコスト低減に寄与しています。

図6-7-2　レーザプロッタ製品の例「RG-8500 Ⅱ」

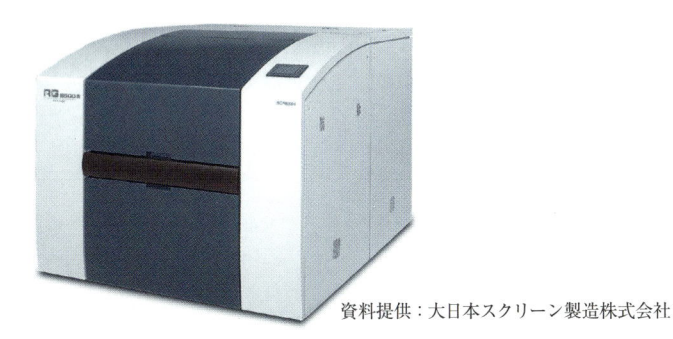

資料提供：大日本スクリーン製造株式会社

出力されたフィルムは、以下に説明する内層工程の露光工程で使われます。

①**材料切断**：基板材料を投入サイズ（ワークサイズ）に切断します。
②**フィルムラミネート**：基板にドライフィルムを貼り付けます。
③**露光・現像**：感光させてフィルムパターンを焼き付けます。
④**回路形成**：感光しなかった部分の銅箔をエッチングしてパターンを形成します。
⑤**黒化処理**：酸化させることで銅箔面が粗くなり、プリプレグ（絶縁層、以下PPとよびます）との密着性が向上します。表面が黒く変色するため「黒化処理」とよばれます。
⑥**組み合わせ**：パターンを形成した内層材とPP、銅箔を組み合わせます。
⑦**積層プレス**：組み合わせた材料をプレス機によって成型します。
⑧**外形加工**：外形周囲に残った銅箔を除去します。

6-8 ファイバーレーザ

●ファイバーレーザの構造

イッテルビウム（Yb）をドープしたグラスファイバーのコアに励起レーザダイオードの光を入力すると、ファイバーはレーザ共振器の役割を果たして共振し、増幅されます。図 6-8-1 にファイバーレーザの構造を示します。

図 6-8-1　ファイバーレーザの構造　　出典：AnfoWorld「光と光の記録 レーザ編」

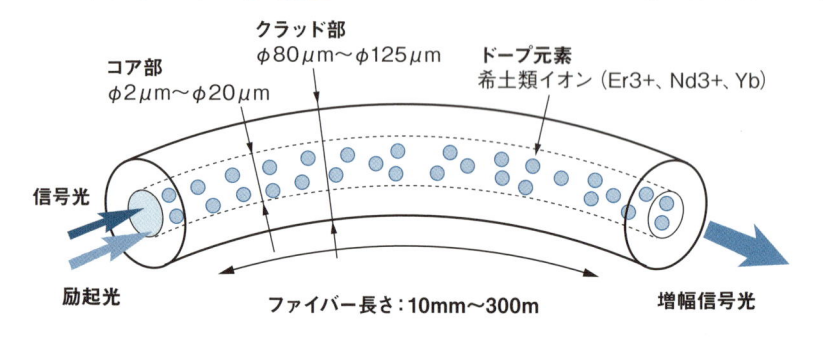

- コア部　$\phi 2\mu m \sim \phi 20\mu m$
- クラッド部　$\phi 80\mu m \sim \phi 125\mu m$
- ドープ元素　希土類イオン（Er^{3+}、Nd^{3+}、Yb）
- 信号光
- 励起光
- ファイバー長さ：10mm〜300m
- 増幅信号光

●各種レーザとの比較

各種レーザの発振効率は、ランプ励起 YAG レーザでは数%、LD 励起 YAG レーザ、ディスクレーザおよび CO_2 レーザではそれぞれ約 15% で、これらと比較してファイバーレーザと半導体レーザでは 25 〜 30% と高効率になります。

高効率なファイバーレーザでは発熱が少ないので場合によっては空冷が可能になります。冷却が必要になっても空冷チラーがあればよく、クーリングタワーは不要となります。また共振ミラーが不要となりますので精密な調整が不要になるなどの特長もあります。表 6-8-1 にファイバーレーザの特長を示します。

表 6-8-1　ファイバーレーザの特長

項目	特長
効　率	高効率な LD 励起
放　熱	空冷でファンレスも可能
信頼性	調整不要でメンテナンスが楽
品　質	焦点深度が深く、小集光径が可能
出　力	加工対象近くまで導光が可能
装　置	小型軽量で設置面積をとらない

●ファイバーレーザマーカ

　ファイバーレーザを使ったファイバーレーザマーカを紹介します。流れ作業のラインで金属やプラスチックの表面に型式、製造年月日やロット番号などのデータを印字したり、バーコードを記入したりする用途に使われています。また、キーボードのトップなどプラスチック面への文字や記号の彫刻をするといった少数ロットにも対応できる用途にも使われています。

　ファイバーレーザマーカの特長はメンテナンスが少なくてすみ、長寿命で信頼性が高いことです。

表6-8-2　ファイバーレーザマーカの加工内容

加工内容	主な対象物の材質
表面を溶かす	樹脂
焦がす	紙・樹脂
表面層をはがす	メッキした金属・印刷した紙
表面を酸化させる	金属
削る	ガラス・金属
変色させる	樹脂

図6-8-2　ファイバーレーザマーカの構造

集光レンズ
スキャンミラー
印字用レーザ

資料提供：株式会社キーエンス

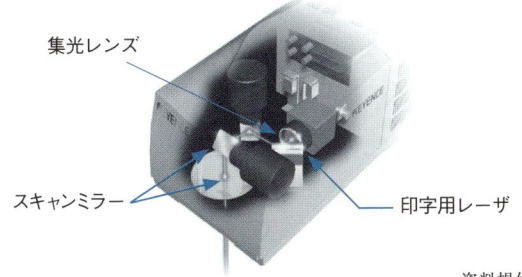

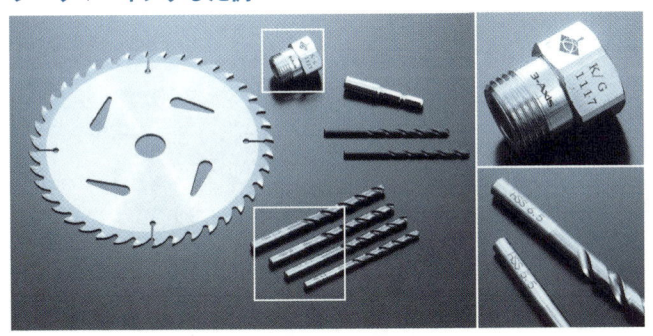

レーザマーキングした例

6・半導体レーザ（LD）

●ファイバーレーザ溶接機

ファイバーレーザを使った、出力が1kWの溶接機について説明します。

従来の同じ出力のランプ励起レーザ溶接機に比べて、消費電力は約1/4となり、CO_2排出量低減に貢献しています。ランプ励起に比べ長寿命で調整不要なLDの採用により、信頼性も高く、メンテナンスコストを低減しています。

図6-8-3　ファイバーレーザ溶接装置製品の例「ML-6810A」

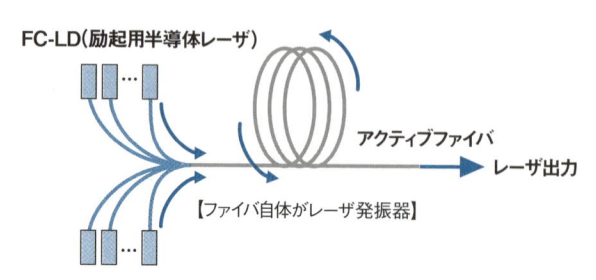

資料・写真提供：ミヤチテクノス株式会社

・加工サンプル

ファイバーレーザ溶接機を使った溶接と切断のサンプルを図6-8-4に示します。左はアルミ製電池ケースの溶接例でアルミの厚みは0.5mm、溶接幅は1.5mmです。右はステンレス板金部品の切断事例で、ステンレスの厚みは0.6mm、切断幅は、0.18mmです。焼けがなく、きれいに切断されているのがわかります。

図6-8-4　ファイバーレーザ溶接の加工例

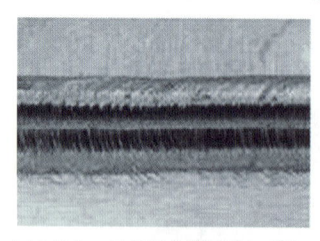

アルミケースの封止溶接サンプル　　ステンレスの切断サンプル

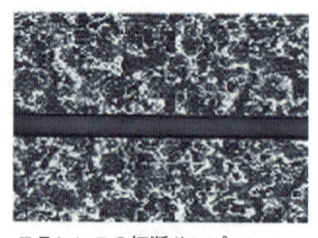

資料・写真提供：
ミヤチテクノス株式会社

●高出力ファイバーレーザ

　さらに高出力な金属加工における溶接や切断に使用される数 kW 以上のファイバーレーザ発振器を作ることも可能です。

　シングルモードが得られるファイバーレーザ発振器の原理と基本構成を図6-8-5 に示します。図中上部に示すようにダブルクラッドファイバーの内側クラッドに外側クラッドを介して励起光を導入し、この導入光を外側クラッドとの界面で全反射させながら伝播させることで、Yb をドーピングしたコアファイバーを効率よく励起しています。

　高出力ファイバーレーザでは多数の励起用 LD のレーザ光を外側クラッドにそれぞれ単独に接続して導入し、このコアファイバーの両端に埋め込まれている FBG（回折格子）でレーザ光を反射されて FBG (Fiber Bragg Grating) 理論で増幅しています。このモジュールの出力は数百 W 程度ですが、このモジュールをマルチカプラーで並列に接続して n 倍化することで数十 kW まで増幅しています。その際にビームのモードはシングルからマルチモードに変わっています。ファイバーレーザは、ファイバーそのものを媒質としているので反射ミラーが不要となり、効率よく共振・増幅ができるという特長を持っています。

図 6-8-5　ファイバーレーザモジュールの原理と基本構造

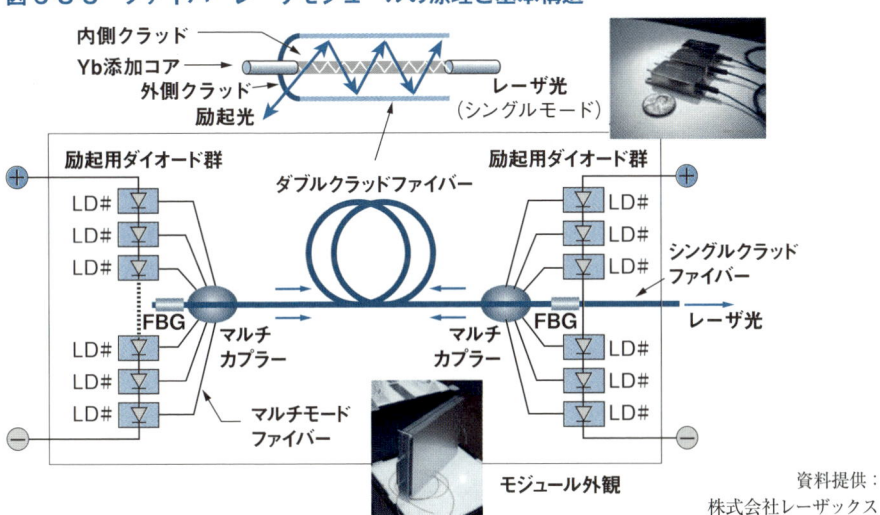

資料提供：
株式会社レーザックス

❗ レーザの安全について

レーザの安全については、国際規格では IEC 規格の IEC60825-1 に、国内では JIS C6802「レーザ製品の放射安全基準」に定められています。JIS ではレーザの出力や安全対策の具合により危険評価が次の 7 クラスに分けられています。

表 6-A　JIS C6802 によるクラス区分と危険評価の概要

クラス	危険評価の概要
クラス 1	設計上本質的に安全である。
クラス 1M	低出力（302.5 〜 4,000nm の波長）。 ビーム内観察状態も含め、一定条件の下では安全である。 ビーム内で光学的手段を用いて観察すると、危険となる場合がある。
クラス 2	可視光で低出力（400 〜 700nm の波長）。 直接ビーム内観察状態も含め、通常目の嫌悪反応によって目の保護がなされる。
クラス 2M	可視光で低出力（400 〜 700nm の波長）。 通常目の嫌悪反応によって目の保護がなされる。ビーム内で光学的手段を用いて観察すると、危険となる場合がある。
クラス 3R	可視光ではクラス 2 の 5 倍以下（400 〜 700nm の波長）、可視光以外ではクラス 1 の 5 倍以下（302.5nm 以上のは波長）の出力。 直接ビーム内観察状態では、危険となり場合がある。
クラス 3B	0.5W 以下の出力。直接ビーム内観察をすると危険である。ただし拡散反射による焦点を結ばないパルスレーザ放射の観察は危険ではなく、ある条件下では安全に観察できる。
クラス 4	高出力。危険な拡散反射を生じる可能性がある。 これらは皮膚障害をもたらし、また、火災を発生させる危険がある。

安全確保のために製造業者に義務付けられている主な注意事項を紹介します。

表 6-B　製造業者の主な注意事項

クラス	注意事項
クラス 2 以上	レーザ製造業者は、クラス 2 以上の製品に警告・説明ラベルを貼らねばならない（クラス 1、1M は説明ラベルだけでよい）。
クラス 3B 以上	レーザの使用に際しては、レーザ安全管理者を任命し、管理区域を設ける必要がある。
クラス 3R 以上	不可視レーザの使用に際しては、レーザ安全管理者を任命する必要がある。

第7章

これからのLEDとその応用

可視光LEDは、発光効率を高めて理論値の400lm/wに近づいていくでしょう。
赤外光LEDはより長い波長2,000nm付近まで、紫外光LEDはより短い
波長200nm付近まで発光できるものが作れるようになるでしょう。
レーザダイオードはフォトニック結晶の進化により
波長を自由に操れるようになるでしょう。
これからのLED、LDの応用について説明します。

7-1 交通機関への応用

●車両ヘッドランプ

　長寿命で応答が速く球切れがない、視認性が高いといったLEDの特徴を生かして車のテールライト、ストップライトへのLED採用が進んでいます。現在のヘッドランプの主流は、HIDランプです。HIDランプは、放電開始をしてから水銀原子が安定して発光するまでに数十秒の時間がかかります。LEDヘッドランプは、時間差なく、安定した発光をします。また、水銀を使用していないので衝突等で壊れることがあっても安全です。このような点から今後、高級車から一般車へと採用が進んでいくものと思われます。

　電気自動車では、走行距離を延ばすために少しでも省電力化することが課題なので、LEDヘッドランプの採用が進んでいくと思われます。

　図7-1-1にLEXUS LS600hのロービームヘッドランプに白色LEDが採用された例を示します。LEDの光量とデザイン性を考慮して3連プロジェクタユニットになったものと思われます。

　LEDを使ったイルミネーションやインジケータは、ダッシュボードの計器パネルを中心にして使われてきました。また、室内照明やデコレーションにもLEDは使われてきています。電気自動車の省電力化に応えて

図7-1-1
自動車のヘッドランプへのLED応用事例「LEXUS LS600h」

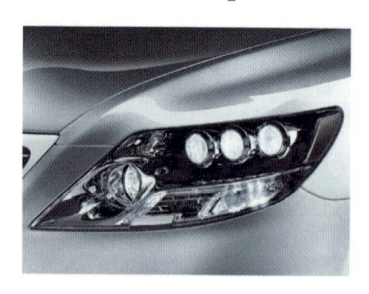

出典：株式会社小糸製作所ホームページ

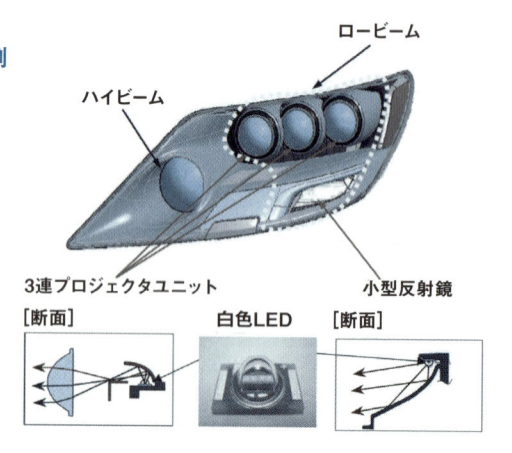

LEDへの置き換えはさらに進んでいくことでしょう。

● UTMS・新交通管理システム

　UTMS（新交通管理システム）の中核機器に光ビーコンがあります。光ビーコンは、路上約5.5 mのポールに設置されており、近赤外光LEDを使って車載機とアップリンク、ダウンリンクの双方向通信をおこなっています。

　車載機を取り付けた車が光ビーコンの下を通過すると交通管制センターから送られてくる5分間隔で更新されている最新の交通情報を送信、光ビーコンの下面には赤外光LEDを発光して車両からの反射を感知する車両感知部が設けられています。

　主要な交差点では各車線に対応して取り付けられており、PTPS（公共車両優先システム）ではバスは、交差点に近づくとバス専用ID、運行系統、行き先等の情報を光ビーコン経由で交通管制センターへ送ります。交通管制センターは、警告情報をだして一般車両を専用レーンから排除したり、信号を早めに切り替えて公共車両専用レーンを公共車両や定期運行バスが優先して走行し、定時運行できるようにアシストします。

　これからは、運転者の体調に応じて、居眠り防止や疲労回復などに効果のある照明に切り替えたり、人間に見えない領域を赤外線照明を使って映像化してアシストするなどの用途にも使われていくものと思われます。

　運転者の体調異常、車両の異常や整備不良などを光ビーコンへ伝える通信システムなど安全性や快適性を向上させる新しい用途へのLEDの展開が見込まれています。

図7-1-2　光ビーコンとPTPS概念図

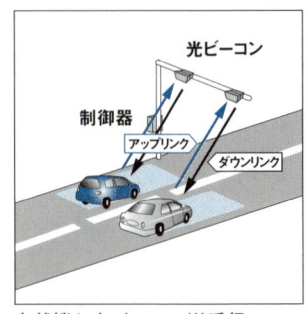

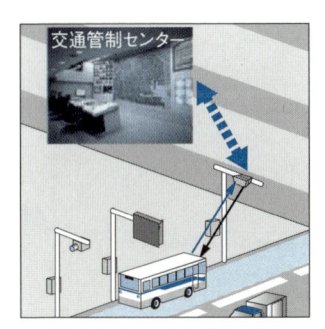

車載機と光ビームで送受信　　　　　ID、運行系統、行き先等を送信

7-2 各種照明への応用

　日本では電力の20%以上が照明用途に使われています。これをLED照明に置き換えて半減化することができればCO_2削減にも大きく貢献できます。

●高所取り付け照明

　白色LEDの発光効率向上とパワーLEDモジュールの採用により工場、倉庫、地下街、トンネル内、体育館、プールなど高所の足場がない場所に取り付けられている照明器具のランプや蛍光管の交換等のメンテナンス作業は、めんどうで危険がともないます。このような設置場所から従来の照明灯具に代わってLED照明の採用が進められています。また、交通信号、医療照明など高い信頼性を求められる用途への採用もさらに進んでいくものと予想されています。

●オフィス照明

　オフィスに人影がまばらになってもオフィス全体を照明している例をよくみかけます。一方、LED照明器具を採用して、配線を分散照明化し、人感センサーを組み合わせて人のいる照明の必要なエリアだけを照明するシステムを採用して60%以上の消費電力削減に成功した事例もあります。

図7-2-1　オフィスの天井LED照明例（内田洋行本社ビル）

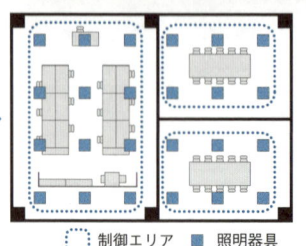

分散照明で省エネを実現

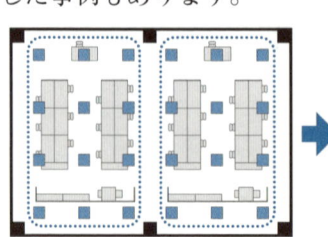

資料・写真提供：株式会社内田洋行

制御エリア　　照明器具

●一般照明と特殊照明の市場動向

　オフィスのみならず発光効率の向上による発熱量の低下や演色性の向上などが進めば、現在は演色性から採用をためらっている飲食店や生鮮食料品店の照明への採用も進んでいくと見込まれます。一般照明と特殊照明を合わせて2020年には2兆円規模の市場が見込まれています。

図 7-2-2　LED照明で雰囲気を演出した企業の社員食堂（スタンレー電気株式会社）

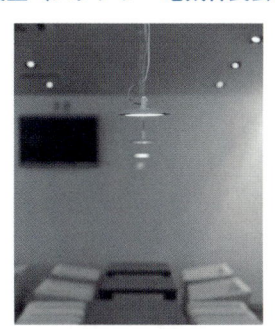

図 7-2-3　一般照明と特殊照明の市場動向

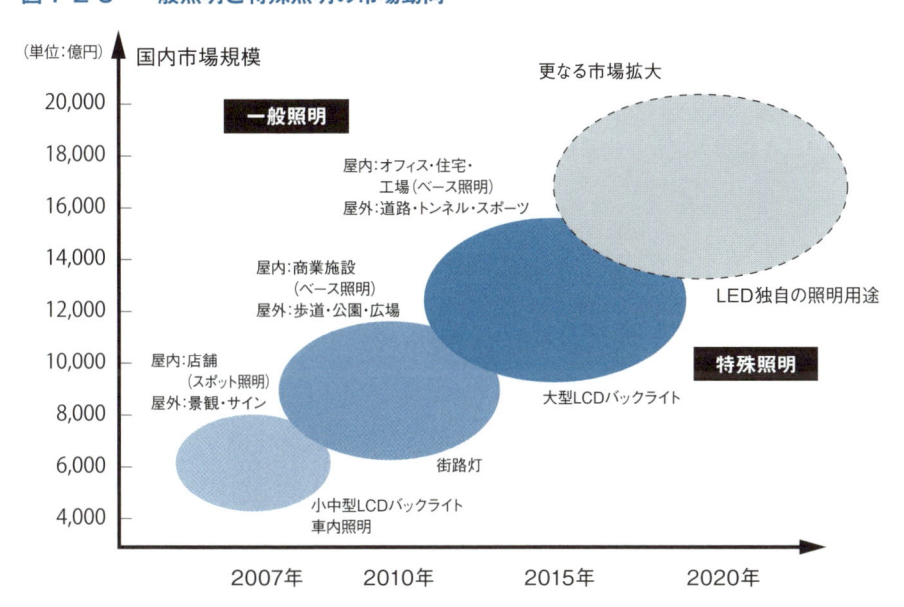

出典：特定非営利活動法人LED照明推進協議会「LED照明ハンドブック」より

7-3 医療機器への応用

●小腸用カプセル内視鏡

　光ファイバー体内挿入タイプの内視鏡は、最近は細くなって飲み込むのが楽になっていますが、やはり抵抗感があるものです。体内へ挿入するという抵抗感を解消するためにカプセル内に照明用白色LEDの組み込まれた回転する撮像装置、回転装置、画像送信回路等を内蔵した手のひらにのるカプセル型小腸用内視鏡が開発されています。

　飲み込んだカプセル内視鏡は、小腸内をカプセル中央部に配置されている高輝度白色LEDで照明し、回転しながら毎秒30枚の画像を撮影し、約8時間かけて進み、その後体外に排出されます。カプセルを駆動する電力は、無線でカプセルに向けて送電されます。撮像された画像は無線で患者が携帯している受信装置に送信されます。送信された87万枚前後の画像データは、つなぎあわされ、医師が画像分析、診断します。いまだ未知の部分が多い小腸の病態解明に活躍するものと期待されています。

図 7-3-1　小腸用カプセル内視鏡 製品の例「Sayaka」

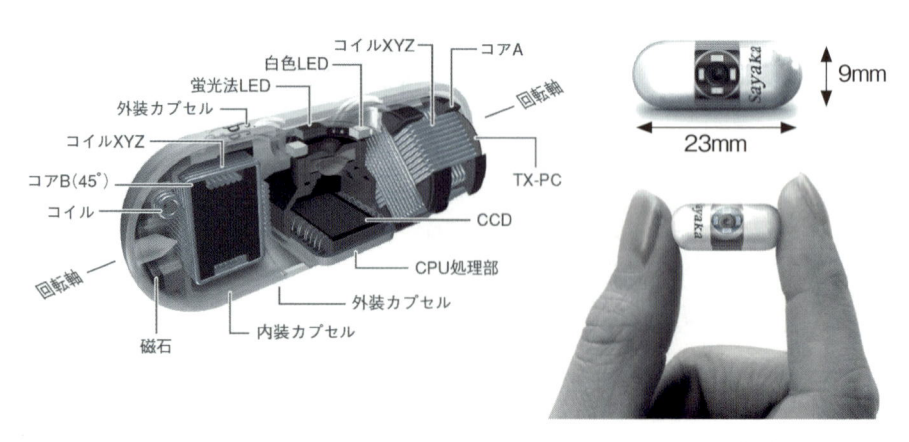

写真提供：アールエフ

現在、投薬機能、治療機能、手術機能等のついた高機能なカプセル内視鏡等の開発が進められており、患部のより鮮明な照明が可能な、演色性のよい白色LEDや手術部を殺菌する紫外光LEDなど新しく開発されるLEDが採用されていくことでしょう。

● **無影灯**

医療施設では手術室の無影灯の光源としてLEDバルブが使われだしています。ハロゲンランプに比べ発熱が大幅に減少するメリットがあります。また、ハロゲン無影灯では、年間2,000時間（8時間×250日）使用時には、1～2年でハロゲン電球の交換が必要でした。LEDを光源に採用することで交換間隔を10年以上へと大幅に延ばすことが可能になっています。

手術では赤の演色性が特に重要になります。LED無影灯には色温度を3,500から5,000Kの間で調整できる機能の付いた製品もあります。このように利点の多いLED無影灯にハロゲンランプ無影灯からの置き換えがさらに進んでいくものと思われます。

医療機器分野では新しい用途に使えるLEDとその機器の研究開発が進んでいます。また、病室から病院内の廊下など各所において患者や医療関係者に安らぎをあたえながら省電力が実現できるLED照明への転換が進んでいくものと見込まれています。

図7-3-2 LED無影灯の例

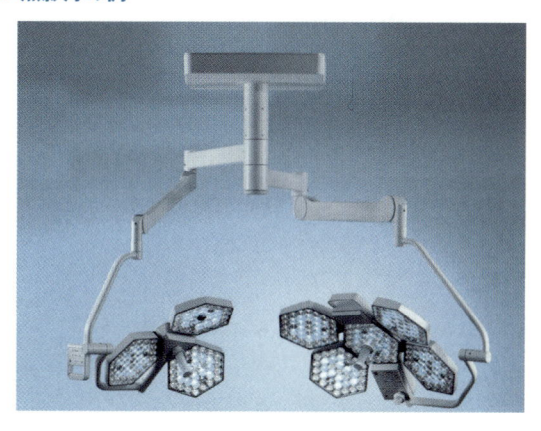

写真提供：株式会社セントラルユニ

7-4 その他の応用分野

●高速通信への応用

　高速通信に使用する出力の高い高速素子として化合物半導体GaNを用いたLEDやLDの開発製品化が進んでいます。

　三菱電機からは、100ギガビットイーサーネット（100GBASE-LR4）に使用するための25Gbps直接変調DFBレーザとフォトダイオードを4波長アレイ化した素子が発表されています（http://www.mitsubishielectric.co.jp/news/2010/0311.html）。

　160Gbpsのマルチメディア配信システムの実現にも見通しがたってきました。化合物半導体を使った高速デバイスの研究開発が進むとさらに高速な通信システムの開発が可能になっていくものと思われています。

図7-4-1　化合物半導体 超高速集積回路の将来市場

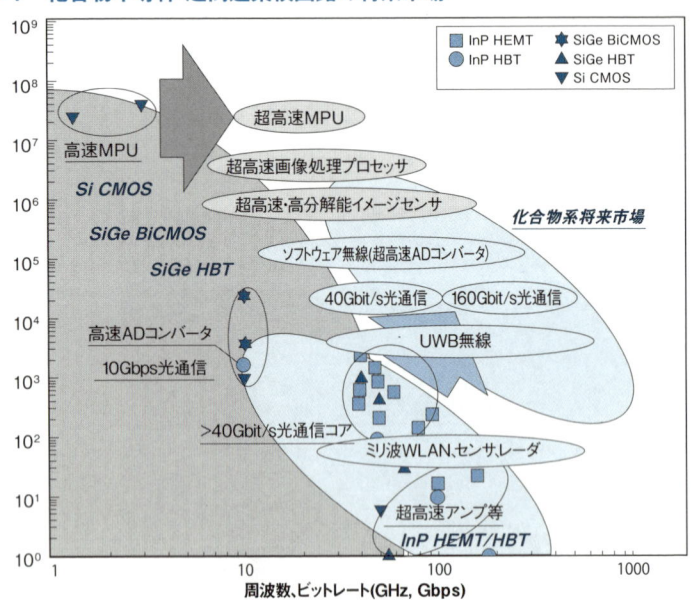

出典：財団法人　新機能素子研究開発協会ホームページ

●深紫外光 LD の応用

現在、紫外光 LED は、光記録装置である DVD や BD の読み出しや書き込みに使われています。より波長の短い深紫外光 LED や LD が開発され、量子効率も改善されてきています。出力がさらに向上すると光ディスクのさらなる高密度記録が可能になり、殺菌、浄水や汚染物質の分解・浄化など新たな用途が開けていくと予想されています。また、半導体製造装置、医療分析装置などへの展開も期待されます。

図 7-4-2　深紫外光 LD の応用分野

出典：独立行政法人 理化学研究所ホームページ

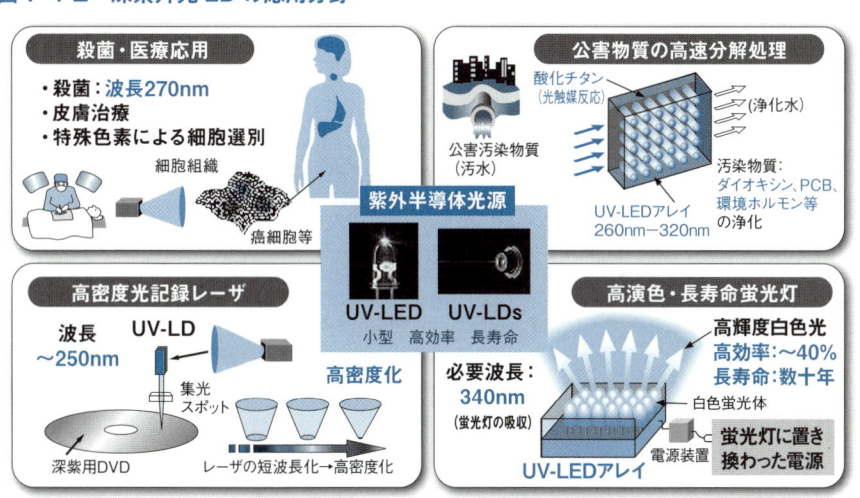

図 7-4-3　紫外光 LED の出力推移

出典：ナイトライド・セミコンダクター株式会社ホームページ

7-5 これからの半導体レーザ

●量子ドットレーザ（QD：Quantum Dot Laser）

温度による影響が少なく、消費電力が従来のLDの1/10程度になる量子ドットレーザの開発、実用化が進んでいます。ナノメートル（10^{-9}）オーダーで積層されているp型とn型の層間の量子ドットから発光されますので量子ドットレーザとよばれるようになりました。

主な用途は、短距離伝送の光高速通信です。

図 7-5-1　量子ドットレーザの仕組み

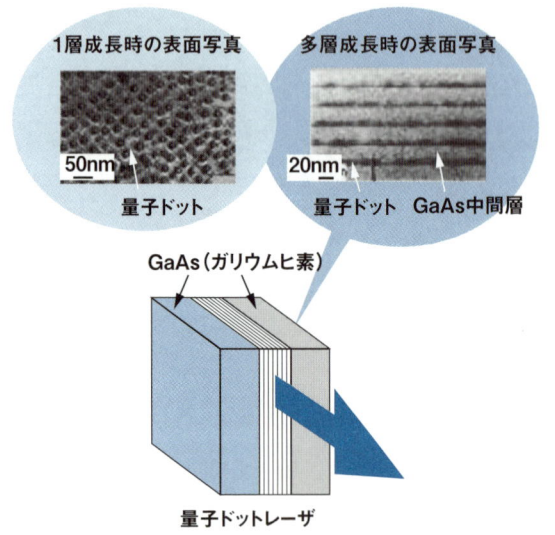

出典：（株）富士通研究所「やさしい技術講座」より
http://jp.fujitsu.com/labs/techinfo/techguide/

● QD の作り方

ガリウムヒ素（GaAs）基板の上にインジウム（In）とヒ素（As）の原子をぶつけるとInとAsが混ざり合った薄い膜が基板の上にできます。ある程度の膜厚まで成長させるとGaAsとInAsの間隔が異なるため自然に半球状の直径20nm、高さ5nmのドットになります。この現象を凝集といいます。この

ような層を5～10層、積層していきます。

図7-5-2 QDの結晶成長工程

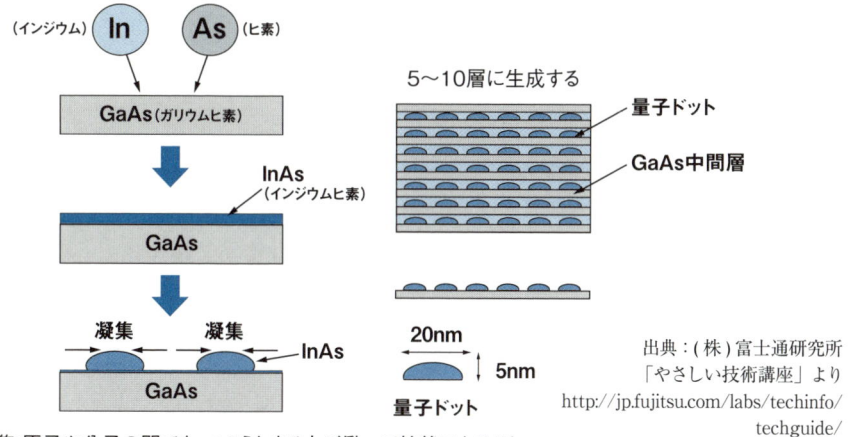

出典：(株)富士通研究所
「やさしい技術講座」より
http://jp.fujitsu.com/labs/techinfo/techguide/

凝集：原子や分子の間でくっつこうとする力が働いて粒状になること

●これから注目されるレーザ光

赤外線より波長が長い領域では、光と電磁波の特長をあわせ持つテラヘルツ光（30～3,000μm）が注目されます。

紫外線より波長が短い領域では、たんぱく質とは相互作用が高まるため透過しないが水分を含んだ生体は観察できる、軟X線アト秒レーザ（2～4nm）が注目されます。

可視光領域では近接場光の可視光フェムト秒レーザが注目されています。

図7-5-3 テラヘルツ光と軟X線アト秒レーザ

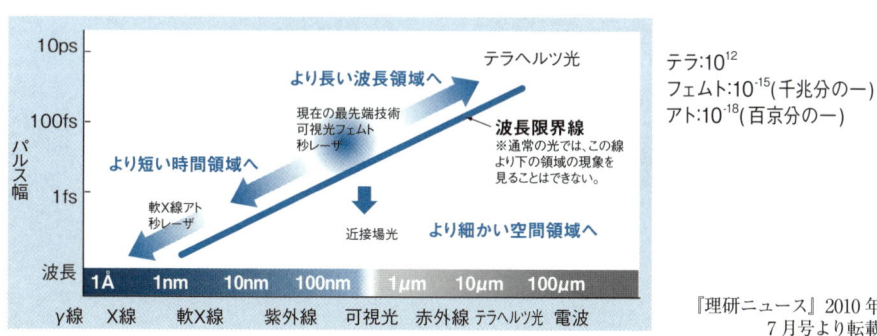

テラ：10^{12}
フェムト：10^{-15}（千兆分の一）
アト：10^{-18}（百京分の一）

『理研ニュース』2010年
7月号より転載

❗ 期待されている深紫外光LED

現在は紫外線ランプが使われていて、深紫外光LEDが登場すれば置き換えられるであろう用途の代表に、浄水と殺菌・消臭があります。

●浄水用途

浄水器では原水を逆浸透膜のフィルタでろ過した後、紫外線ランプで殺菌処理しています。紫外線ランプは連続点灯して使用しているため1年前後で交換が必要になっています。260nm付近の深紫外線を発光できるLEDを使えるようになれば交換間隔を数年に延ばすことができます。

●殺菌・消臭用途

保管物を殺菌しておいて使用する必要があり、紫外線ランプをつけて殺菌している製品に保管庫があります。常時点灯しているものが多いので1年前後でのランプ交換が必要になります。

ベッドメーキング、掃除等で殺菌の必要がある場合には殺菌灯が使われています。このような場面で紫外線ランプに替えて深紫外光LEDを使えば交換間隔が数年に延び、破損の危険もなくなるのでより安全性が高まります。

このような用途で安全で健康を守る深紫外光LEDの実用化が期待されています。

図7-A　殺菌紫外線ランプ付きの保管庫の製品例

写真提供：日鈑工業株式会社

Appendix

LED照明関連用語解説

※この用語解説は、クオンタムリープテクノロジー株式会社のLED照明用語集
(http://www.qlt.co.jp/products/led/knowledge/wordtop.html)
をもとに作成しています。

●光の明るさに関する用語

●光束（luminous flux）

　光源の光の量を人間が感じる明るさで表現したもので、単位はlm（ルーメン）またはcd・sr（カンデラ・ステラジアン）。

　照明器具の仕様書には、全方向に放射される明るさとして「全光束」と記載されていることもある。1ルーメンを$1m^2$に照射すると、その場所の平均光量は1ルクスとなる。白色蛍光ランプなどの照明器具では光を当てたい箇所以外へも光を放射したり器具内で吸収してしまったりするなどの損失が発生しており、反射板やレンズなどを使った場合でも、10〜50％は損失になっているといわれる。この点でLED照明の損失率は低いので、光束を増やす工夫をしてやれば光束効率のよい光源となる。

●照度（illuminance）

　光源の光をある面に照射したとき、どれくらいの光の量がその面に到達しているかを人間が感じる明るさで表現したもので、単位はルクス（lx）またはルーメン毎平方メートル（lm/m^2）。

　光を通してものを見る人間にとって、光源が当たっている照度が高い物体ほどはっきり見え、照度が小さい物体ほど見えにくくなる。照明設計の重要なポイントのひとつで、労働安全衛生法や建築基準法、JIS規格などでは必要となる照度が定められている。たとえば事務机の必要照度は750lx以上、精密作業現場では1,500lx以上、店

舗全般や勉強・読書での全般照明は 75 〜 150lx、同環境での局部照明は 500 〜 1,000lx など。

●光度（luminous intensity）

光源からある方向に放射された単位立体角あたりの光の強さを人間が感じる明るさで表現したもので、単位はカンデラ（cd）。

照明器具は通常、全方向に均一に光束を放射しているわけではないため、見る方向によって明るさが少しずつ異なる。40W の白熱電球は 40cd 程度、40W の白熱蛍光ランプは 330cd 程度、LED は 400cd 程度である。なお、照度はある面にどれくらいの光が降り注いでいるのかを測定するのに対し、光度はある角度に放射されてくる光の量を測定する。光源から遠ざかると光は拡散されて、光度の値は下がっていく。

●輝度（luminance）

ある方向から見た光源または光源によって照らされた面の面積で光度を割って、人間が感じる明るさとして表現したもので、単位はカンデラ毎平方メートル（cd/m^2）。

輝度は光源の面積あたりの明るさを表しており、よって、輝度が高くて面積の広い光源であるほど、明るいことになる。ある輝度の照明を物体のそばに置けば、その物体は明るく照らされ、照明を遠くに置けば物体は少し暗く照らされる。つまり、輝度が高ければ高いほど、照明から遠くでも明るく感じられる。しかし、高輝度の照明は、まぶしすぎて物体が見づらくなることがある。

●グレア（glare）

　グレアとは、太陽光や車のヘッドライトなど、視界を奪われたり不快感を覚えたりするほど強烈な光のことで、「直接グレア」と「間接グレア」に分類される。直接グレアは、輝度の高い光源の光が目に飛び込むことで視界がほぼ完全に奪われる「不能グレア」、不能グレアほどの刺激ではないが光の入射で見えづらくなる「減能グレア」、まぶしさで心理的に不快感を覚える「不快グレア」の3つに分けられる。一方の間接グレアは、太陽光が鏡に反射したりディスプレイに室内照明が映りこんだりして見づらくなるなど、光源が間接的に視界に入りこむことで生じる現象を指す。グレアは、光源の輝度が強すぎる、光源との距離が近い、目が暗さに順応しているなどの状況で発生する。

●光の特性に関する用語

●色温度（color temperature）

　光源が放つ熱を光の色に対応させたもので、単位は絶対温度を扱うケルビン（K）。

　物質は熱を放つとき、その温度に対応する波長の光を出す。その光と色とを対応させたものが色温度。人間が心理的に感じる色の温度感覚とは逆で、赤色ほど温度は低く、青色ほど高くなる。ろうそくの灯りは赤みを帯びた光で、色温度にすると約 1900K。それに対して太陽光の色温度は約 12000K で、青みがかった白色（大気中の分子などが青色を吸収してしまうので、実際に目では白っぽく見える）。LED の場合、おおむね赤色 LED が約 3000K、黄色 LED が約 5000K、青色 LED が約 6500K である。

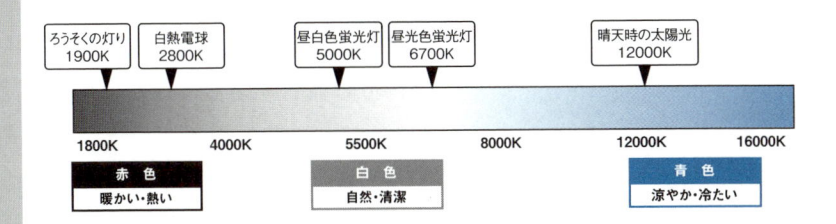

| ろうそくの灯り 1900K | 白熱電球 2800K | 昼白色蛍光灯 5000K | 昼光色蛍光灯 6700K | 晴天時の太陽光 12000K |

1800K　　4000K　　5500K　　8000K　　12000K　　16000K

赤色	白色	青色
暖かい・熱い	自然・清潔	涼やか・冷たい

●光の三原色（light's three primary colors）

　赤、青、緑の光を重ね合わせて光のエネルギーを加算すると白色になることを加法混色という。他の色が混ざり合っても作ることのできない色を原色といい、光では、赤、青、緑が原色になる。この 3 つの色が光線で表現されるとき、これらが混ざり合うことでエネルギーが足し合わされて飽

Appendix・LED 照明関連用語解説

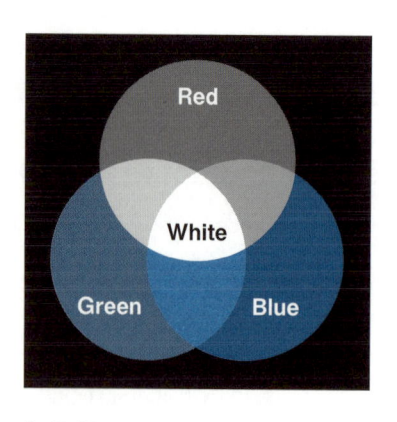

和状態になると白色になる。LEDでは、この加法混色を利用して白色を作り出す。赤色・青色・緑色の3色のLEDを組み合わせたり、青色LEDと黄色蛍光体を組み合わせたりするなど、さまざまな方法がある。

●可視光線（optical line）

　人間の目で見ることのできる波長領域のことで、個人差はあるが360nm〜830nmの間を指す。人間の目は物体から反射された光を感じ取ることで、その物体を認識しているが、光の波長には範囲があり、その領域を可視光線とよぶ。可視光線は虹色に分光することができるが、光の三原色に基づき、これらが混ざり合うと白色になる。白色の光の照明であれば、物体の色はそのままで見ることができるが、赤色や青色など色がついた照明の場合、物体の色は異なって見える。イルミネーションや特殊な照明演出ではないかぎり、正しい色で

物体を見分けることができることは生活する上で重要である。白色の電球や白色 LED は、正しい物体の色情報を教えてくれるものが求められる。

●色度図（chromaticity diagram）

光の色の特性を数値で表した色度を、平面座標の点として表示した図形で、CIE 規格、CIE XYZ 表色系における色度座標 x, y を二次元の直角座標で表した CIE xy 色度図を指すことが多い。光の 3 原色は R（赤）G（緑）B（青）。色そのものは RGB の光の混合比で決まるが、RGB 表色系はマイナスの三刺激値が存在するなどいくつかの欠点があったため、これらの問題を解決するために CIE（国際照明委員会）により XYZ 表色系が規定された。

色を表すのに三原色である RGB の強度をそのまま使うと、ひとつの色を表すのに 3 個の数値が必要となるが、RGB 全部の光の強さを足して 1 とし、R と G の光の相対比を使えば、残り B の相対比は自動的に決まり、R と G の 2 つの数値だけで

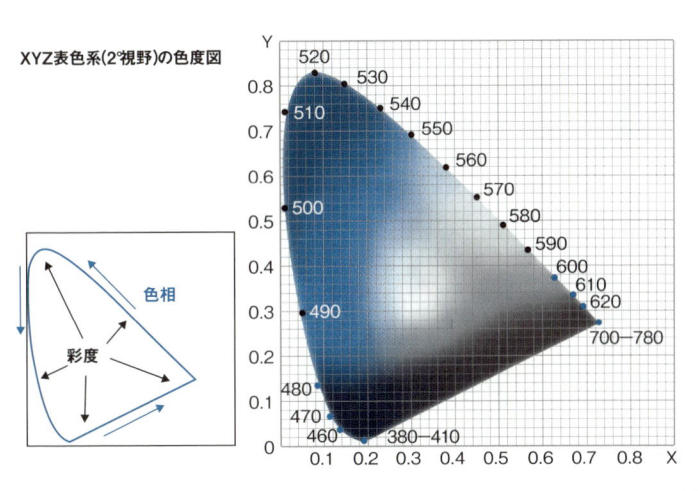

XYZ表色系(2°視野)の色度図

色を決めることができる。例えば、1=R+G+B のとき、R=0.2、G=0.3 とした場合、B=0.5 となる。つまり R=0.2、G=0.3 という数値だけで色を決められる。このような考え方に基づき、3刺激値 XYZ のうちの xy を使って色を表したものを xy 色度図とよんでいる。

●光の演出に関する用語

●演色性（color rendering properties）

光源による物体の色の再現性で、演色評価数（平均演色評価数または特殊演色評価数）が指標になる。

物体の色は、それを照らす光の色によってまったく異なったものに見える。白いボールを赤い光で照らせば赤色のボールに、青い光で照らせば青色のボールに見える。たとえば、洋服店で購入した服の色が、店内で見た色と太陽光の下で見た色とで微妙に異なることがある。これは店内の蛍光

演色性グループ	平均演色評価数の範囲	使用用途		代表的なランプ
		好ましい	許容できる	
1A	Ra≧90	色比較・監査 臨床検査 美術館		高演色形蛍光灯 メタルハライドランプ
1B	90＞Ra≧80	住宅ホテル、 レストラン		高効率・高演色形蛍光灯
		印刷、塗料、 繊維および 精密作業の工場		高演色形高圧ナトリウムランプ メタルハライドランプ
2	80＞Ra≧60	一般作業の工場	オフィス、学校	高効率形蛍光灯 高演色形高圧ナトリウムランプ メタルハライドランプ
3	60＞Ra≧40	粗い作業の工場	一般作業の工場	水銀灯
4	40＞Ra≧20	トンネル、道路	演色性が 重要でない 作業の工場	高効率形高圧ナトリウムランプ

灯と太陽光とで演色性が違うために起こる。演色性は、基準光と比較してどれくらい色が違うかを数値で評価する「演色評価数」で判断する。演色評価数が高いほど、色の再現性に優れているとされる。注意したいのは、演色評価数が低いからといって照明器具の性能が劣るわけではないという点。たとえば美術館やショールームなど、色を正しく見分けたい場所では高い演色性が必要だが工場や一般事務などではそれほどの演色性を必要とはしない。演色性の基準はCIE（国際照明委員会）で規定されており、利用環境に好ましい評価数が与えられている。

　市場に出回っている白色LEDの多くは青色LEDと黄色蛍光体を組み合わせたものになっている。これらのLEDの平均演色評価数は演色性グループ1B相当の60〜80程度になる。最近はLEDチップの効率向上と新しい蛍光体の組み合わせにより演色性グループ1Aに相当する照明器具も登場している。

●全般照明（general lighting）

　　対象となるスペース全体を均一に明るく照明する方法。

　オフィスや学校、運動施設、工場など、部屋のどこにいても変わることなく周囲の状況を確認できることが求められる環境では、全般照明が利用される。作業面全体で均一の照度を得るには、シーリングライトなどを一定間隔で配置し、部屋全体に光を行き渡らせるのが一般的。このほか、シャンデリアやダウンライトなども同様の目的で使用することがある。この照明とは反対なのが必要な

箇所のみに光を当てる局部照明。

● 局部照明（local lighting）

　必要な箇所のみあかりを当てる照明方法。

　部屋の一部などに光を当てる局部照明には、ショッピングウィンドウ内の洋服に当てるスポットライトや、読書するときに利用するデスクスタンド、キッチンの作業ライトなどがある。作業場所をより明るくしたい、光を当てて展示物を印象づけたいといったニーズに適した照明方法である。しかし、部屋全体の照度が均一にならないため、眼精疲労や視力低下の原因になることもある。特別な照明効果を求めないかぎり、弱い照度の全般照明に十分な照度の局部照明を組み合わせるのが一般的である。この照明とは反対なのが部屋全体を均一に明るくする全般照明。

● 投光照明（floodlight）

　建築物や商品などに投光器を使って一様な光を当てる手法。

　投光器で照らされた物体の照度は一様になり、光が当たっている範囲はすべてはっきり見える。野球場やパーキングエリアを照らす照明や、ヘリコプターからのサーチライトがよい例で、陰影がつかないので平面的に見える。その物体をしっかり見せたい場合に最適な照明方法である。このほか、投光器の光を天井に当てて、その反射を利用する間接照明としても用いられることがある。

　多くの投光器は、電球が交換しづらくて高い場所に設置される。最近は高輝度の LED 投光器も登場していることから、省エネかつ長寿命で交換

頻度が少なくなるLED投光器の需要が高まっている。

●建築化照明（architectural lighting）

天井や壁などにインテリアの一部としてあかりを組み込んでしまう手法。

建築化照明では、ものを見るための道具ではなく、インテリアデザインのひとつとして光を考える。間接照明も建築化照明のひとつ。天井や壁内に照明器具を組み込んでそれぞれを照らし、その反射光で部屋を明るくするコーブ照明やコーニス照明、壁上部に目隠し板を取り付けて天井と壁の両方を照らしてあかりをとるバランス照明などがある。いずれも、照明器具を見せずに漏れ出る光だけを見せるのが特長。

このほか、光天井や光壁、光床なども建築化照明といえる。明るさだけでなく、天井や床、壁の素材や輝度を変えることで清潔感や暖かみなどを自由に演出できる。こうして照明をインテリアの一部に組み込んでしまうと、電球を交換するのが難しくなる。そのため、長寿命で交換頻度が少なく、省エネ効果の高いLED照明を採用するケースが増えている。

●サーカディアン照明（circadian lighting）

サーカディアンリズム（概日リズム）に合わせて調光する照明。

人間は、覚醒や活動をするときに働く交感神経と、休息や睡眠をするときの副交感神経が約24時間の周期で交互に活発化する生体リズムを持っている。この交感神経の切り替わりに影響を与え

ているのが、光である。太陽が昇って周囲が明るくなる（色温度・照度ともに高くなる）と、人は交感神経に切り替わって活発に活動するようになる。逆に、太陽が沈んで辺りが暗くなる（色温度・照度ともに低くなる）と、副交感神経にスイッチが入って睡眠の準備を始める。生体リズムを整えることで、自然治癒力も高まり、より健康的で元気な生活ができる。

　この生体リズムにあわせて調光してやるのがサーカディアン照明である。病院では入院患者の治癒力を高める目的で、オフィスでは社員の健康や労働効率アップを期待して導入検討されるケースがある。光源としては調光がやさしいLEDが有力候補のひとつになっている。

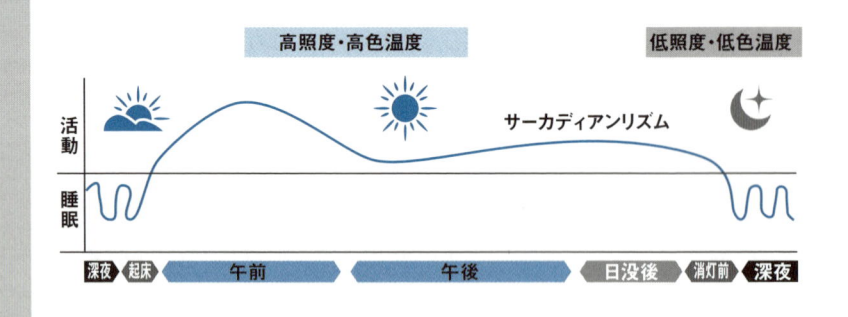

高照度・高色温度　　　　低照度・低色温度

活動／睡眠　　サーカディアンリズム

深夜　起床　午前　午後　日没後　消灯前　深夜

●カラーライティング（color lighting）

　カラーランプや色フィルタを使って、色のついた光を使って演出すること。

　直接照明と間接照明の両方で使われている。デパートの屋上でカラフルに色変化する電光掲示板は歩いている人の目をとめさせ、賑やかなイメージを与える。また、クリスマスに公園の木々が赤や緑、黄色などでライトアップされていると楽しく華やかな気分になる。このように、カラーライティングは人間の心理面に訴える効果が期待できる。カラーライティングでは光の三原色を利用しており、たとえば赤色と青色の光を同時に同じ場所へ照射すると、紫色の光が作られる。LEDでは数十万色の色を再現できる、ON/OFFの切り替えが素早くできる、狭いスペースへも簡単に導入できるなどの利点から、カラーライティングに適したあかりとしてLEDの採用が進んでいる。

●LEDに関する用語

●ダイオード（Diode）

　一方向にのみ電流を流す整流作用を持つシリコンベースの電子素子または半導体部品で、その特性を持つのがLED。一般的には、陰極（カソード）のn型半導体と陽極（アノード）のp型半導体を接合したものを指す。カソードには電子が余分に注入されており、一方のアノードには電子が足りない状態（正孔）になっている。ここに電流を流すと、両方の結合部分では互いが結合と消滅を繰り返し、光や熱としてエネルギーを放出する。ダイオードには、フィラメントに電流を流して加熱する二極真空管（白熱電球や検波器で応用）や、光信号を受信して検出するフォトダイオード（CCD、CDプレイヤーリモコンの受信部など）など、さまざまな種類のダイオードがある。

●蛍光体（Fluorescent material）

　外部から光や熱のエネルギーを吸収して励起状態になり、可視光などへ変換して放出する化学物質。白色LEDは、蛍光体と組み合わせることで白い光を発している。青色LEDと黄色の蛍光体を組み合わせて、補色関係を利用して白色に光らせる方式や、近紫外光LEDと青色や赤色など複数の蛍光体を組み合わせて白色に光らせる方式などがある。小型設計が特長のLEDは、蛍光体を塗布できる範囲は限られているため、少しの量でさまざまな色へと変換できるようにしなければならない。また、LEDチップの真上に塗布するこ

とから熱の影響を受けることになり、高温条件でも劣化せずに効率的に発光する特性が求めらる。

●発光効率（Luminous efficacy）

照明器具が、あるエネルギーでどれだけ明るく光るかを示す指標で、単位は単位電力あたりの全光束（lm/W）。

明るさとは人間の目で見た場合を基準に考えるが、人間の目は波長領域によって視感度が異なる。たとえば緑色やオレンジ色の波長は明るく感じ、発光効率も高いと判断してしまう。逆に赤色や青色は暗く感じ、発光効率は悪いと認識してしまう。こうした視感度に可視光線（360nm 〜 830nm）への感度を表す比視感度係数をかけて補整し、基準値を出す。LEDで発光効率を上げるには、LEDチップから発光する青や紫外／近紫外を効率よく吸収して発光する必要がある。消費電力の無駄を少なくしながら光にエネルギー変換することは次世代のグリーン製品として重要な要件である。

●パワーLED（Power LED）

一般に、従来の数十mWのLEDに対して数百mW以上の発光効率が高く、高輝度なLEDを指している。ラージチップタイプと複数個のチップをひとつのパッケージに実装したものがある。照明用白色のパワーLEDでは数十Wクラスの製品もあり、数Aから数十Aの電流が流れて発熱するので放熱設計が重要になる。

●関連法規に関する用語集

●グリーン購入法
(Law on promoting green purchasing)

　国等による環境物品等の調達の推進等に関する法律で、2000年5月24日成立、2001年4月1日施行されている。政府機関や地方公共団体、製造メーカー、国民それぞれがグリーン製品購入を推進することで、循環型社会の形成を目指すための法律で、国および独立行政法人などは義務化されている。

　環境物品とは、再生資源その他の環境への負荷の低減に資する原材料または部品や、それら原材料または部品を利用しているもの、温室効果ガスなど環境への負荷が少ないもの、再生利用しやすいものなど、環境負荷の低減を意識した製品を指す。このグリーン購入対象品目には照明も含まれており、適合基準が規定されている。たとえばLED照明器具の場合は、「エネルギー消費効率が器具全体効率の20lm/W以上」「定格寿命が30,000時間以上」「特定の化学物質が含有率基準値を超えないこと」「当該化学物質の含有情報がウェブサイトなどで容易に確認できること」が定められている。

● IPコード (IP code)

　防水性能と防塵性能の保護等級を示すコードで、照明器具の防水性や防塵性がどれくらいか、外郭内の危険箇所に人が近づいたときの人体への保護状況などを知るためのコード。

IPに続いて記載される数字は防塵性能の保護等級を、その次に入る数字は防水性能の保護等級を示す。特性表示がないものは「X」が入る。たとえば「IP66」であれば、粉塵が中に入らず、あらゆる方向からの爆噴流も侵入しないという意味になる。特に屋外照明を設置するときに意識したい規格で、LED照明器具にもIPコードが記載されている。

●省エネ法
(Law regarding the rationalization of energy use)

「エネルギーの合理化に関する法律」で、1979年に制定されたのち、2008年に改正法案が提出され、2009年4月1日から施行された。

工場や事業所のエネルギー管理、自動車の燃費基準、電気機器の省エネ基準を設けることで、エネルギー効率が悪い機器などを省エネ性能が優れている機器（トップランナー）の性能以上に持っていく。同法は、全温室効果ガス排出量のうち3割を占める民生（家庭と業務）部門の省エネ対策を強化するのが目的である。

企業全体のエネルギー（電気や燃料、熱）の使用量が1,500kl/年以上の企業は経済産業局に届け出なければならず、エネルギー管理統括者およびエネルギー管理企画推進者を1名ずつ選任して定期報告書と中長期計画書を提出しなければならない。虚偽の届け出をした場合は、50万円以下の罰金が科せられる。

省エネ法対策として市場を拡大しているのがLEDである。これまで工場や事業場単位だったものが、改正後は企業全体のエネルギー使用量が

対象となった。その結果、早急に大幅なエネルギー削減を迫られ、その解決策として LED にスポットライトが当たっている。蛍光灯と違って紫外線を出さず、消費電力は低くて長寿命の LED は、省エネ法対策だけでなく、コストメリットからも有望な代替照明機器に考えられている。

● JIS 規格（JIS Standard）C8152

「照明用白色発光ダイオードの測光方法」 2007年7月20日に制定。照明用途の白色の発光ダイオード単体の CIE 平均化 LED 光度、全光束などの測光量及び全光束に対する光色に関する量を求める方法（測色方法）について規定している。

本規格の構成は、適用範囲、引用規格、用語（定義）、標準 LED、受光器、点灯条件、光度測定、全光束測定、光源色測定、測定結果の記載方法、附属書 A（規定）LED 光源の点灯方法 、附属書 B（参考）温度制御ソケット、附属書 C（参考）有色 LED 光源測定における受光器具備条件、附属書 D（参考）CIE 部分 LED 光束の測定方法 、参考文献、解説よりなっている。

●国際照明委員会
（CIE:Commission Internationale de l'Eclairage）

光、照明、色、色空間などを規定する国際標準化団体で、本部はオーストリアのウィーンにある。1931年に作成された CIE 標準表色系は現在も使われている。

日本には、CIE（Commission Internationale de l'Eclairage, 国際照明委員会）の日本を代表する構成員として JCIE（社団法人日本照明委員

会）があり、経済産業省産業技術環境局より社団法人として認可された組織になっている。LEDに関しては現在次の項目に関して標準化が進められている。

TC1-62	LED 光源の演色性
TC2-45	LED の光束測定－ CIE127 の見直し
TC2-46	LED の光度測定に関する CIE/ISO の規格
TC2-50	LED クラスター及び LED アレイの光特性の測定
TC2-58	LED の放射輝度・輝度の測定
R4-22	LED 信号灯
TC6-55	LED の人体への安全性

用語索引

数字　アルファベット

- 2Dプリンタ　142
- 3Dプリンタ　143
- 7セグメントLED表示器　80
- Ⅱ－Ⅵ族半導体　16
- Ⅲ－Ⅴ族半導体　16
- Ⅳ－Ⅳ族半導体　16
- BLS　82
- Bluetooth　103,105
- Blu-ray Disk　38,134,140
- CCFL　33,82
- CIE規格　173
- CZ法　42
- DVD　135,140
- EFG法　42
- FFP　137
- HEM（熱交換）法　42
- IrDA　104
- IR-LED　95
- JIS規格　184
- LBP　142
- LD　14,22,38,133,134,183
- LD励起YAGレーザ　150
- LED　9
- LEDウェーハ工程　42,46,50,52
- LED式交通信号灯器　88
- LED式捕虫器　90,130
- LEDチップ工程　42,58
- LED動作層　46,50,64
- LEDブラックライト照明器　126
- LEDプリントヘッド　83
- LEDマトリックス表示器　81
- LPE法　46
- MBE法　47
- MCZ法　42,43
- MOVPE法　46
- MQW　21,65
- NECフォーマット　102
- NFP　137
- n型クラッド層　21,51
- n型半導体　17,20,180
- OHラジカル　128
- pn接合　20
- pn接合ダイオード　20
- p型クラッド層　21,51
- p型半導体　17,20,180
- QD　135,164
- RFリモコン　103
- SONYフォーマット　102
- UTMS　157
- UVインク　126
- UV硬化　122,141
- UV-A　116
- UV-B　116
- UV-C　117
- UV-LED　115
- VCSEL　138
- VPE法　46
- V-UV　117
- X-UV　117

ア行

- 青色LED　11,27,50,70
- 青色蛍光灯　130
- 青色発光ダイオード　12
- アクセプタ不純物元素　17
- アノード　20,80,180

アノードコモンタイプ	80
アルミニウムガリウムヒ素	16,64
暗視カメラ	108
井戸層	21,65,66
色温度	171
インゴット	42,44
インコヒーレントな光	38
ウェーハ	42,44,46,48,50
ウェーハ加工工程	44
液相成長法	46,48
エネルギー帯	18
エネルギーバンド	19,26
エネルギー変換効率	68
エピタキシャル結晶成長	46
エポキシ基板	77
演色性	71,159,161,174
演色評価数	71,175
遠紫外線	117
遠赤外線	96,97
オフィス照明	158
オーミック電極	64

カ行

化合物半導体	16,62,162
可視光 LED	30,61
可視光線	30,62,172
可視光発光ダイオード	→ 可視光 LED
カソード	20,80,180
カソードコモンタイプ	80
活性層	20,50,51,64,98,118,135
価電子帯	19,23
カラーライティング	179
ガリウムヒ素	16,20,42,58,64,139,184
間接遷移	23
間接遷移半導体	20
気相成長法	46,118
輝度	20,169
基板除去	58
キャビティ	136

吸収	22
共有結合	18
極端紫外線	117
局部照明	178
禁制帯	19
近赤外線	96,98,109,113
空間光通信装置	99
空気清浄機	129
グリーン購入法	182
グレア	170
蛍光体	27,28,125,180
ケミカルエッチング	45
ケミカルメカニカルポリッシング	45
建築化照明	85,177
高開口数レンズ	141
光束	34,168
光束維持率	34
光度	169
紅斑紫外線量	117
国際照明委員会	184
コヒーレントな光	38
混晶	50,62
コンパクトディスク	134

サ行

材料基板工程	42,44
サーカディアン照明	92,177
サーカディアンリズム	177
サージ電流	35
サファイア基板	50,118
サーマルビア	76
サーマルランナウェイ	76
酸化チタン	128
紫外光 LED	30,115
紫外光 LED ライト	126
紫外線	116
紫外線ランプ	121,130,166
色度図	173
自然放出	22

自然放出発光	20
順方向電圧	20,60,75
省エネ法	183
蒸着	53,58,139
小腸用カプセル内視鏡	160
照度	168
静脈指紋認証装置	106
植物工場	86
シリーズレギュレータ	76
真空紫外線	117
新交通管理システム	157
深紫外光LD	163
真性半導体	17
スイッチングレギュレータ	76
スクライブブレーキング	58
正孔	20,24,64,180
赤外光LED	30,95
赤外線	96
赤外線治療器	112
赤外線防犯センサ	109
赤外線リモコン	33,102
赤外分光法	97
絶縁体	19
全般照明	85,175
走光性反応	130
相対発光出力	99
素子分離溝	52

タ行

ダイサー工程	55
タイバーカット工程	57
ダイボンディング工程	54,56
ダブルクラッドファイバー	153
ダブルヘテロ接合	21,64
単結晶成長工程	42
単元素半導体	16
端面発光レーザ	138
チップタイプLED	54
中赤外光LED	100

中赤外線	96,98,98
長波長LED	30
直接遷移	23
直列抵抗	76
チョコラスキー法	43
直管タイプLED	84
ディジタル製版機	148
定電流駆動	75,76
テーピング工程	55
テラヘルツ光	165
電球タイプLED	84
伝導帯	19
透過型光センサ	111
投光照明	85,176
導体	19
透明電極	52
特殊演色評価数	71,174
突入電流	35
ドナー不純物元素	17
ドーパント	17
ドープ	17,150

ナ行

熱暴走	76

ハ行

白色LED	12,68,125,180
白色発光ダイオード	→ 白色LED
バックライトアレイ	82
バックライト光源	82
発光効率	28,63,119,181
発光スペクトル	28,67,99,119
発光層	46,50
パッド電極	52
バッファ層	50
ハーフダイシング	58
バリア層	66
パルスオキシメータ	107

パワー LED	74,78,181
反射型光センサ	111
半導体	16,18,20,25
半導体メーザ	134
半導体レーザ	38,133,164
半導体レーザ治療器	146
半導体レーザメス	147
バンドギャップ	19,26,66,118
光重合反応	122
光触媒	128
光センサ	110
光造形装置	143
光導波	136
光の三原色	69,171
光の誘導放出	134
光ピックアップ	140
光ビーコン	157
光ファイバー	136
ヒートシンク	74,77
表面実装型	31,54
ピン挿入型	31
ファイバー溶接機	152
ファイバーレーザ	150
ファイバーレーザマーカ	151
ファブリ・ペロー共振器	136
フォトインタラプタ	110
フォトダイオード	104,139,180
フォトリソグラフィ技術	52
フォトン	23,27
フォノン	23
不純物半導体	17
プランク定数	26
分散型赤外分光光度計	97
分散照明	158
分子線成長法	47
平均演色評価数	71,174
へき開面	135
ベーキング工程	55
ヘモグロビン	96,106
砲弾型	31,56

放熱設計	34,74,77
保護膜	52
ホモ接合	21,64
ポリッシュト・ウェーハ	44
ホール	17

マ行

無影灯	161
メサエッチング	58
面発光レーザ	138
モールド工程	54

ヤ行

有機金属気相成長法	46
誘導放出	22,135

ラ行

ラインレーザ	145
リフトオフ	58
量子井戸構造	21,65
量子ドットレーザ	164
冷陰極管	82
レーザ水平出し器	145
レーザ墨出し器	145
レーザ測量機器	144
レーザーディスク	134
レーザ発振器	134,153
レーザビームプリンタ	142
レーザプロッタ	149
レーザポインター	144
レジスト除去	58
レジスト塗布	58
レジストマスク	52

ワ行

ワイヤーボンディング工程	54,56

■ **写真および資料ご提供**

EETIMES JAPAN
LED 照明推進協議会
株式会社 SUMCO
アース・バイオケミカル株式会社
アールエフ
岩崎通信機株式会社
株式会社ウイスマー
株式会社内田洋行
株式会社エコシス
大阪電気通信大学工学部松浦研究室
長田電機工業株式会社
オスラム株式会社オプトセミコンダクターズ
小田急電鉄株式会社
株式会社キーエンス
株式会社キーストンインターナショナル
キヤノン株式会社
株式会社京三製作所
クオンタムリープテクノロジー株式会社
株式会社ケンコー
株式会社元天
株式会社小糸製作所
コクヨ S&T 株式会社
サイエンス・グラフィック株式会社
株式会社サウンドハウス
有限会社ジェイダブルシステム
しおかぜ技研
シナジー研究センター　植物工場研究所
シーフォーノス株式会社
株式会社ジュン・コーポレーション
上智大学理工学部電気・電子工学科
　　下村研究室
情報通信研究機構
昭和電工株式会社
財団法人新機能素子研究開発協会
社団法人新交通管理システム協会
スズデン株式会社

スタンレー電気株式会社
住友電気工業株式会社
株式会社セントラルユニ
株式会社ソキア・トプコン
ソニー株式会社
大日本スクリーン製造株式会社
竹中エンジニアリング株式会社
株式会社東芝
東芝ライテック株式会社
東神電気株式会社
東武鉄道株式会社
東武タワースカイツリー株式会社
東北大学知能デバイス材料学専攻小山研究室
ナイトライド・セミコンダクター株式会社
株式会社ナリス化粧品
日鈑工業株式会社
日本精密測器株式会社
株式会社パトライト
パナソニック電工株式会社
パナソニック電工 SUNX 株式会社
浜松ホトニクス株式会社
日立アプライアンス株式会社
富士ゼロックス株式会社
北海道大学情報科学研究科
　　情報エレクトロニクス専攻
　　集積プロセス学研究室
みのる産業株式会社
ミヤチテクノス株式会社
持田シーメンスメディカルシステム株式会社
独立行政法人 理化学研究所
ルネサス エレクトロニクス株式会社
株式会社レーザックス
ローム株式会社

■参考文献
・書　籍

『LED 照明ハンドブック』LED 照明推進協議会　オーム社
『LED 照明信頼性ハンドブック』LED 照明推進協議会　日刊工業新聞社
『トコトンやさしい発光ダイオードの本』谷腰欣司　日刊工業新聞社
『ワイドギャップ半導体光・電子デバイス』高橋清監修　森北出版
『高輝度／パワー LED の活用テクニック』トランジスタ技術編集部　CQ 出版社
『「青色」に挑んだ男たち』中嶋彰　日本経済新聞社
『負けてたまるか！』中村修二　朝日新聞社

・報告書

『白色 LED の技術ロードマップ』LED 照明推進協議会
『LED 照明のライフサイクルアセスメント』LED 照明推進協議会
『国際照明委員会(CIE)における LED 標準化』LED 照明推進協議会
『LED バレイ構想』徳島県 LED バレイ構想推進協議会
『化合物半導体・次世代 IT サロン報告』FED-185　財団法人新機能素子研究開発協会
『超長期エネルギー技術ロードマップ報告書』民生分野ロードマップ解説
　　　財団法人エネルギー総合工学研究所
『平成 18 年度　LED 応用機器システムにおける標準化調査報告書』
　　　財団法人日本機械工業連合会／財団法人金属系材料研究開発センタ

・発表資料

『高出力赤外 LED の開発』北林弘之、他　SEI テクニカルレビュー第 176 号
『Development of a Color Quality Scale』Yoshi Ohno　NIST
『measurement of LEDs and Solid State Lighting』Yoshi Ohno　NIST
『最新発光ダイオードが照らす明るい未来–1–　5 分でわかる最新の科学技術』
　　　総合科学技術会議

・Web サイト

『発光ダイオード、LED』サイエンス・グラフィックス株式会社
　　　http://www.s-graphics.co.jp/nanoelectronics/kaitai/led/4.htm
『パナソニックのブルーレイ総合サイト』http://panasonic.co.jp/blu-ray/
『Simsim'sHomepage』　http://homepage3.nifty.com/k432/index.html
『やさしい技術講座』株式会社富士通研究所
　　　http://jp.fujitsu.com/group/labs/techinfo/techguide/
『レーザ入門／用語解説』ソニー株式会社
　　　http://www.sony.co.jp/Products/SC-HP/laserdiode/guide/index.html
『AnfoWorld』安藤幸司　http://www.anfoworld.com/

■著者紹介

常深 信彦（つねふか のぶひこ）

1943 年 東京都生まれ。1968 年 大阪大学基礎工学部制御工学科卒業。1984 年まで 日立製作所多賀工場で IT 機器の開発に従事。1991 年より 日立工業専門学院で電気主任技術者。1999 年より 日立・技術研修所でプランニングマネージャ。2006 年より ㈱アビリティ・インタービジネス・ソリューションズ東京支店に勤務。2010 年より ㈱ダイコーテクノに勤務 EMCT 研究会会員。
著書:『ディジタル回路』オーム社　『しくみ図解　電気工事が一番わかる』技術評論社　『画像エレクトロニクス』（編著）オーム社

- ●装　丁　　　　　中村友和（ROVARIS）
- ●カバー写真提供　スタンレー電気株式会社
- ●作図＆DTP　　　Felix 三嶽
- ●編　集　　　　　株式会社オリーブグリーン　大野　彰

しくみ図解シリーズ
発光ダイオードが一番わかる

2010 年11月 1 日　初版　第 1 刷発行
2014 年12月15日　初版　第 3 刷発行

著　　者	常深信彦
発 行 者	片岡　巌
発 行 所	株式会社技術評論社
	東京都新宿区市谷左内町 21-13
	電話
	03-3513-6150　販売促進部
	03-3267-2270　書籍編集部
印刷／製本	加藤文明社

定価はカバーに表示してあります

本書の一部または全部を著作権法の定める範囲を超え、無断で複写、複製、転載、テープ化、ファイル化することを禁じます。

©2010　常深信彦

造本には細心の注意を払っておりますが、万一、乱丁（ページの乱れ）や落丁（ページの抜け）がございましたら、小社販売促進部までお送りください。　送料小社負担にてお取り替えいたします。

ISBN978-4-7741-4391-0 C3054

Printed in Japan

本書の内容に関するご質問は、下記の宛先まで書面にてお送りください。お電話によるご質問および本書に記載されている内容以外のご質問には、一切お答えできません。あらかじめご了承ください。

〒162-0846
新宿区市谷左内町 21-13
株式会社技術評論社　書籍編集部
「しくみ図解」係
FAX：03-3267-2271